Landscape and freehand sketching
On the specific technique and fast design plan

景观手绘
技法详解与快题方案设计

王成虎 / 编著

U0315055

人民邮电出版社
北京

图书在版编目（CIP）数据

景观手绘技法详解与快题方案设计 / 王成虎编著
. -- 北京 : 人民邮电出版社，2017.1
ISBN 978-7-115-43588-0

Ⅰ. ①景… Ⅱ. ①王… Ⅲ. ①景观设计－绘画技法
Ⅳ. ①TU986.2

中国版本图书馆CIP数据核字(2016)第254221号

内 容 提 要

这是一本全面讲解景观手绘设计与方案基础的教程，本书注重知识的系统性和实用性，分门别类地详述了景观手绘的基本技法与高级进阶技巧，以及景观快题方案的基础理论。本书分为4篇，第1篇为手绘基础，包括第1章和第2章，主要讲解了手绘的前期准备及在手绘入门的基础之上进行线条与体块的专项练习；第2篇为上色技法及材质表达，包括第3章～第7章，分别讲解了材质的基本表达技法、材质的马克笔画法、植物表现技法、景观构筑物的基本表现技法和景观其他配景的画法；第3篇为进阶提高，包括第8章～第10章，分别讲解了透视理论、人视图步骤解析和鸟瞰图步骤解析；第4篇为解析考研快题，包括第11章～第13章，讲解了考研快题基础理论及快题表现基本方法，同时提供了作品欣赏。全书知识结构清晰，讲解循序渐进，案例丰富，步骤细致。

为帮助读者提高学习效率，本书附赠104个教学视频，包括基础课程视频讲解81个和上色课程视频讲解23个，超值的学习套餐。

本书适合作为景观设计、环境艺术设计，尤其是风景园林方向、建筑设计和室内设计等相关专业的手绘教材，也适合景观设计方向的在校学生、设计师、手绘培训机构及所有对手绘感兴趣的读者阅读使用。

◆ 编　　著　王成虎
　　责任编辑　张丹阳
　　责任印制　陈　犇

◆ 人民邮电出版社出版发行　　北京市丰台区成寿寺路 11 号
　　邮编　100164　　电子邮件　315@ptpress.com.cn
　　网址　http://www.ptpress.com.cn
　　北京方嘉彩色印刷有限责任公司印刷

◆ 开本：889×1194　1/16
　　印张：13.25
　　字数：496 千字　　　　　　　　2017 年 1 月第 1 版
　　印数：1 – 3 000 册　　　　　　2017 年 1 月北京第 1 次印刷

定价：69.00 元

读者服务热线：(010)81055410　　印装质量热线：(010)81055316
反盗版热线：(010)81055315

何为设计？为何设计？怎样设计？这些问题很难回答。

但是近百年来，人们一直在努力探索与创新。初期以牺牲资源、环境为代价，来满足人们的需求；现在人们在满足基本的功能要求外，注入了人性化、舒适化等需求。当下出现了如"海绵城市""参数化设计"等词语，更是反映了人们对于设计的深层认知。我们是否可以把设计理解为"人与大自然及人的本心更为和谐的相处"？

设计的探索创新需要实践，实践的根本在于动手，动手能力是设计师的灵魂。笔者认为设计的本源离不开实践。实际生活中经常看到一些设计师在和老板汇报设计想法时，一直口若悬河地介绍方案的亮点，可穷于对场景的直观表达，所以很难把设计阐述清楚。

在这里，并不是说手绘比设计本身更重要，而是需要一种能把思考过程中瞬间产生的设计灵感记录下来的方式。也许这灵感并不一定是惊世佳作，但一定是头脑中迸发出来的最强力的设计信号。如果不把握这重要瞬间，何为亮点？

笔者从事景观设计手绘培训近十年，所培训的景观专业的学生来自全国各地，接触过近万名景观设计爱好者，深知各个层次的同学在不同阶段所遇到的问题。

本书记录了近两年在课堂上给学生上课时的部分作品。讲课中或多或少会有一些知识点遗漏，因此在此基础上完善步骤和知识点的梳理，使学生能更全面地了解景观手绘及对方案基础的认知。

本书包含了景观手绘和设计的各个单元教学目的、重点难点及步骤解析。这些表现技法和方案的认识尽管不是非常成熟、到位，但希望能通过本书的课程讲述与案例展示，让手绘真正地运用到设计中。同时非常感谢供稿的老师以及学生。

为了帮助读者提高学习效率，本书附赠 104 个教学视频，扫描"资源下载"二维码即可获得下载方法。

资源下载

由于时间仓促和本人能力有限，难免会有很多不足之处。若知识点存在遗漏之处或表述方式不对，还望得到各位读者的批评指正。

王成虎

2016 年 10 月

目 录

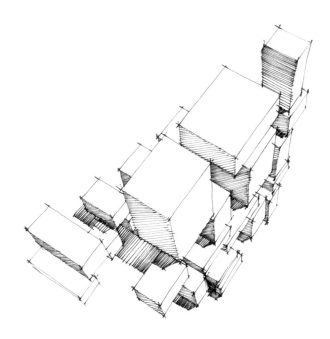

第 5 章　植物表现技法

第 6 章　景观构筑物

第 7 章　配景

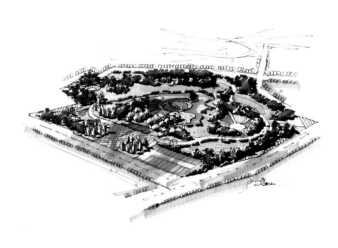

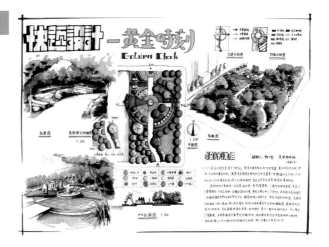

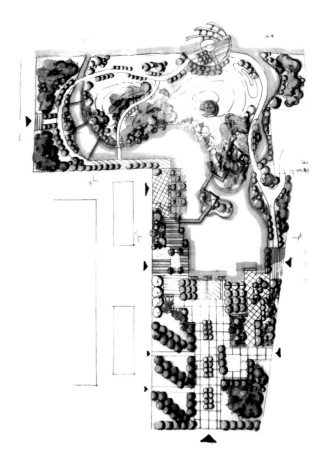

手绘的前期准备

第 **1** 章

1.1 手绘的重要性

随着现代科技的飞速发展，高新科技的不断更新，设计人员运用计算机辅助绘制景观效果图越来越普遍，做出来的图无论是精确度，还是外观质地效果，以及后期方案调整修改方面都超过了手绘效果图，大大提高了设计的表现能力。然而，因为计算机方便、快捷、简单的操作方式，使得一些年轻的设计师过于依赖计算机制图，而忽略了手绘变现在创新设计中的重要性，片面地理解景观效果图的含义，这样也屏蔽了自己在设计中灵感的发挥。

景观手绘效果图是环境艺术、风景园林设计等专业人员表达艺术构思、传达设计理念和设计信息的一种很直观的重要手段，是与业主、老师、施工人员进行有效沟通的交流工具。所以，无论计算机效果图做得再完美，手绘效果图的绘制与训练都是不可缺少的，所以我们仍然要培养设计师及学生的徒手变现能力。只有这样，才能将自己的方案表现得更加完美、更加生动。

1.2 手绘概论

1.2.1 景观手绘效果图的作用

手绘效果图的制图过程是扎实基本功的具体运用过程，在绘制景观手绘效果图的过程中，能进一步地提高绘制人员的效果图表现能力。在绘制过程中，也能提高我们对画的空间、虚实、对比等的刻画能力。这些既是设计师必须具备的艺术修养和审美能力，也能帮助我们在以后的计算机制图过程中，更好地表现效果图中的明暗、虚实、主次、色调、对比和构图等关系，打下良好的基础。我们在教学中也发现，大部分手绘效果图画得好的学生，其做出来的计算机效果图的质量远远高于手绘基础较差的学生。

手绘效果图是美术基础的升华，景观手绘效果图的训练有助于提高学生的空间想象力和物体的造型能力。对于景观设计师来说，眼、脑、手配合训练是非常重要的，通过这些训练能大大提高我们的空间发散思维能力，让一张平面图在脑海里形成立体映像。手绘能提高训练者的审美能力和鉴赏能力，以及对色彩的"嗅觉"能力。

设计草图是设计师一瞬间的灵感展现，我们通过手绘记录这一瞬间的设计思路。设计草图也是酝酿方案形成的关键，好的设计师都是通过绘制大量草图最终确定设计方案的，草图的重要性不可低估。而计算机制图在这一方面就有所欠缺，就目前景观设计的大部分软件来说，有很多不便之处，计算机制作过程相对较长，在时效性上也很弱。一张计算机效果图从开始到成形往往需要 3 天以上，但是在面对客户的时候，手绘效果图就能直观而及时地呈现在客户面前，大大提高了方案的成功率。

手绘景观效果图在绘制的过程中，加入设计者大量的个人情感因素，能根据不同环境表达出更有人性和灵性的空间。手绘景观效果图的表现方式也多种多样，如铅笔、炭笔、中性笔、马克笔、彩铅和丙烯等。因此手绘效果图从兴起以来就没有被人们抛弃过。而计算机效果图在绘制过程中，往往会有大量的模版和组件，做出来的图千篇一律，很容易让人产生视觉疲劳，所以目前国际上，以及中国发达地区的景观设计公司，越来越多的人喜欢手绘效果图，手绘效果图不会因为科技的发展而消失。

1.2.2 景观手绘效果图的分类

*按技法分类：*现在我们已经很少使用之前传统的绘画方式了（如喷笔、水粉上色等）。由于绘画工具的多样性，手绘效果图的表现技法也随之发生了变化，大致有针管笔表现、钢笔淡彩表现、马克笔表现、彩铅表现和马克笔结合彩铅表现等。

*按用途分类：*景观手绘效果图在运用过程中，也是根据不同的用途和性质进行绘制的，主要可分为以下两种。

①手绘草图：草图是设计师捕捉和记录设计灵感的最佳方式，在平面方案还没有完全确定下来时，需要设计师绘制大量草图，并通过反复推敲、交流和修改，最终完成定稿。

②手绘方案表现图：在方案定稿以后进行表现图的绘制，或将方案进一步绘制成最终的效果图。在手绘方案表现图的刻画过程中，要充分表现出场景的空间虚实、感光和色彩等内容，同时需要刻画物体的细部材质。此类图比较精致和耐看。

1.3 基础工具介绍

*铅笔：*最好选择 HB 铅笔，因为 2B 铅笔在使用过程中笔芯很容易磨损，HB 铅笔软硬适中，比较合适。

*橡皮：*选择 2B 或者 4B 橡皮都可以。

*针管笔：*对于学习设计的同学来说并不陌生，针管笔可分为一次性针管笔和可灌水针管笔。根据笔头的粗细又可以分为 0.1、0.3、0.5 等。对于初学的同学建议用 0.5 的，因为太细的笔头容易堵。我们常用的针管笔品牌有樱花、三菱，还有常见的"小红帽"。针管笔在画线条时因为笔头较软可以轻松地画出线条的弹性，但其弊端是有的针管笔墨会与马克笔中的酒精相溶。如果是平时的练习可以将线稿复印，然后再上色，如果是快题考试务必测试好自己的针管笔墨是否会与马克笔中的酒精相溶。

提白笔：樱花牌提白笔，出墨较均匀，提笔流畅，可覆盖其他颜色。

高光笔：三菱牌修正液。

马克笔：本书中使用的是斯塔马克笔和 NEW COLOR 马克笔，它价格便宜，性价比较高。但在作图过程中，也可选用其他牌子的马克笔，不同品牌的马克笔画出来的效果都有细微的变化，可起到锦上添花、弥补单一品牌颜色不足的作用。

彩铅：推荐使用辉柏嘉 36 色彩铅。

钢笔：钢笔也是很多手绘爱好者喜欢的绘图工具，根据笔头的不同可分为普通书写钢笔和美工钢笔两种，美工钢笔俗称弯头钢笔，根据不同的用笔的力度和笔头的角度，能够画出粗细变化丰富的线条，对于初学者而言美工钢笔较难控制，建议先使用普通书写钢笔来学习手绘，因其比较容易控制，且画出来的线条流畅、挺拔且富有张力，能够很好地表达出手绘线条的魅力。学生常用的钢笔品牌有英雄、红环、凌美和施耐德等。使用钢笔练习手绘时要注意钢笔的笔迹干得较慢，所以画图时手腕尽量不要接触画面，防止蹭脏画面。

草图纸：在快速构思阶段，草图纸的作用较为明显，可覆盖底图细化方案或效果图。

复印纸：复印纸光滑细腻，价格便宜，适合初学者使用。常用的图幅有 A3、B4 等规格。初学时推荐使用 B4 规格的，因其大小比 A3 纸小些，比 A4 纸大些，能够让我们在学习手绘时很好地把握画面的整体效果，同时能够很好地刻画画面的细节。

速写本：速写本是练习手绘时必不可少的工具，是日常搜集、整理素材和记录灵感的重要媒介。速写本根据纸张的大小可以分为很多种，可以根据自己的需求来选择。如果是写生建议选择 B4 的即可，如果用于搜集素材建议用 B5 的方便携带。

尺子：三角板、丁字尺及模版尺是制图中常用的工具。而我们在学习手绘线稿时多用平行尺，在绘制平面图时还会用到比例尺。在初学时借助尺子可以快速地掌握透视和体块比例。

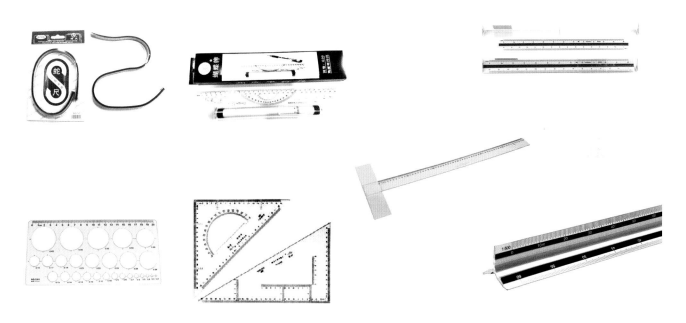

1.4　手绘姿势

绘画中可适当增加握笔力度，这样画出来的线条会更肯定。画短线时，握笔位置可以与纸张距离近一些，这样画出来的线条更稳定。若是画长线或者长透视线时，握笔位置可适当远离笔尖，这样画出来的长线条会更流畅，因为视线比较开阔。画长线时，我们不是以手腕为圆心，而是以整个手肘为圆心。在作画时，身体尽量挺直，胸挺起，眼睛尽量与纸面保持在一尺左右的距离，便于观察空间。

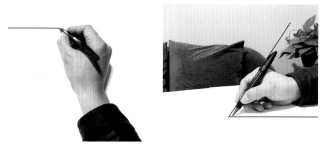

线条与体块

第 **2** 章

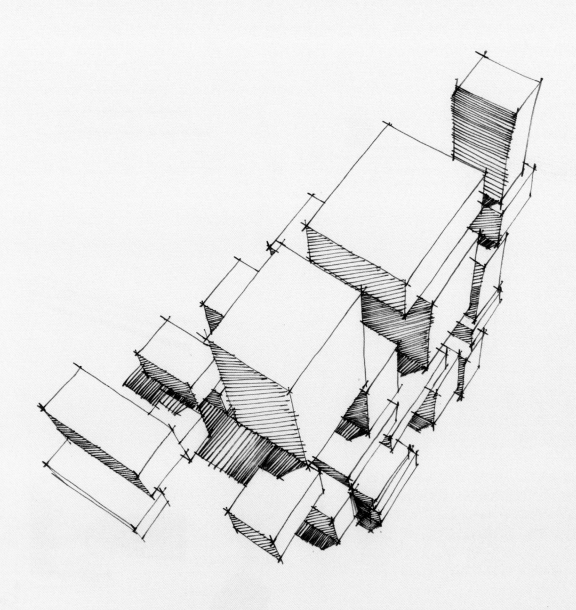

线条是"玩"出来的,是平时积攒出来的,是通过课余时间不断练习出来的。很多同学在画线条时一开始就进入了一个误区,认为抖线或者飘逸的直线才是最好的,一味地去模仿。

我个人认为,这是不可取的。线条是由个人的性格、性别以及个人基础决定的。练习线条时不要急于求成,放松心态,抽出闲暇的时间随意练习,所画出来的线条就会"线由心生"。

2.1.1 直线

正确的线条   **错误的线条**

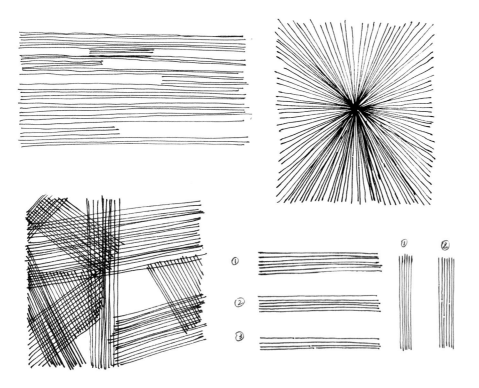
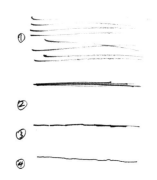

直线:直线是我们经常用到且用得最多的线条。在绘制直线的过程中,经常会遇到绘画途中线条画歪的情况,这个时候切忌从头再来描一次,因为这样会显得线条不肯定,正确的做法是在线条发生弯曲的地方进行接笔。直线分为快线和慢线两种。

①快线:潇洒飘逸、干净利落、刚劲有力,表达图面效果时显得成熟老练。但快线也有不足之处,如比较难把握,需要进行大量的练习。

②慢线:在绘画过程中,慢线的使用范围比较广,可以画出准确的线条。练习慢线时,首先要保持呼吸顺畅平和,在画线的时候,尽量憋足一口气,直至这根线条画完为止,再进行下一次呼吸。

2.1.2 曲线

曲线:曲线是线条中比较难把握的一种,初期学习画曲线的时候,可以通过画同心圆、圆切圆等形式进行练习。为了避免画歪、画斜而影响画面整体效果,可以放慢画线速度,多练习,做到熟能生巧。

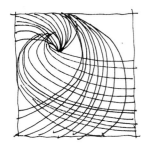
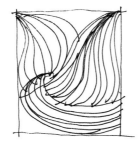
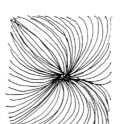

2.1.3 抖线

正确的线条　　　　　　　　　　　　　　　　　　　　　　　　　**错误的线条**

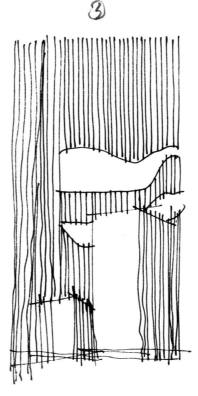

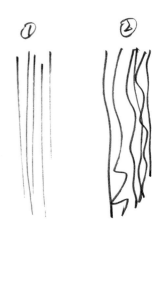

抖线：好的线条是经过日积月累的不断练习，最终熟能生巧的结果。因此，不建议初学者去刻意练习抖线。待绘画功底逐渐加深时，抖线就会顺其自然的跃然纸上。

2.1.4 线条的综合练习

我们可以把直线、曲线和抖线结合起来，在画面中进行练习，随意穿插，随意玩线条，使之后在效果图时表达更加得心应手。

2.2.1　简单体块练习

正确的线条搭接

　　体块练习在效果图的实际运用中是非常重要的。画效果图时，经常会用到各式各样的体块组合，或者在实际绘制效果图相对较细致的景观构筑物的铅笔打稿阶段，同样是先将其归纳为体块，然后由大往小进行切割，刻画细节。

　　正确的线条搭接，线条与线条之间应适当给出一些出头，使体块变得更肯定、明确。

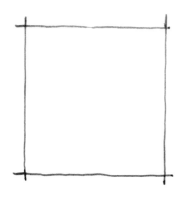

错误的线条搭接

　　错误的线条搭接有以下3种。

　　第1种：线条过于严谨，生怕有线头出现，但其实线条与线条之间的出头会使画面更加肯定。在景观效果图中，随着体块的增加，线条和线条之间的搭接数量增加也会使画面效果更有细节。

　　第2种：线条和线条在体块搭接时没有交接。类似于这一种体块中出现的线条，会使画面结构不明显。

　　第3种：过多的强调线条之间的搭接。这一类型的线条在效果图中无序的重复使用，会使结构不清晰。

2.2.2　形体发散练习

　　空间形体发散练习。有一点透视、两点透视和三点透视等各种空间发散练习，在练习时可以随意定制 1 个消失点、2 个消失点或者 3 个消失点来进行大量的练习。

　　观察消失点给图形带来的变化。练习达到一定熟练程度后，可以任意设计和增加体块的难度组合。在组合时随着体块形体的复杂化，一个类似于空间的体块就呈现在我们面前了。

　　在做这一类练习时，要注意不同体块之间的穿插与叠加，在练习的趣味性得到了增加的同时透视感也得到了强化。

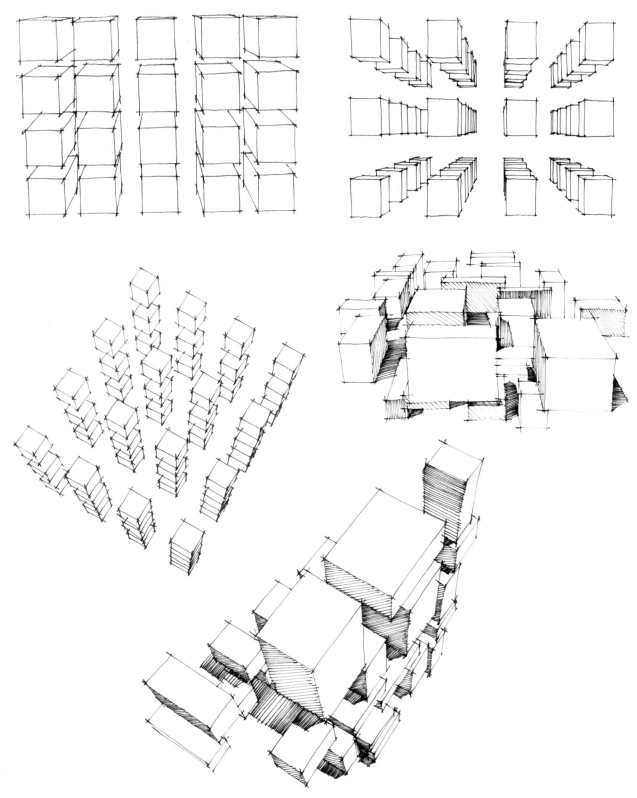

第 2 章　线条与体块

第**3**章

材质表达基本技法

3.1　马克笔运笔的基本技法

3.2　马克笔的上色技巧

3.1 马克笔运笔的基本技法

3.1.1 马克笔线条的画法

　　马克笔是目前画效果图时最常用的快速着色工具，市面上 98% 的马克笔均为酒精马克笔。马克笔的特点是着色快，渲染均匀且易叠加，但附着力不强。马克笔在着色时对速度的要求很高，不同的速度得到的明度会有很大的不同，下图中所示的马克笔为笔者带学生时所用的马克笔——斯塔马克笔。马克笔的宽笔头符合人机工程学，在绘画时可以保持 45° 的倾斜度；笔头能恰好贴合于纸张，画出来的线条均匀有序。下面给大家展示了一些马克笔笔触正确的画法及错误的画法。

正确的马克笔线条练习：在用马克笔画线条时，应让马克笔笔头紧贴于纸张，用力均匀，这样画出来的线条肯定、有力、均匀。

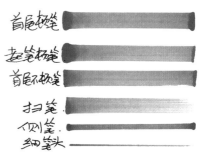

错误的马克笔线条练习：马克笔的特性是颜色干透的时间短，所以其缺点也会显露出来。在用马克笔画线条时，如果中间出现停顿则会出现重色点；如果用力不均匀所得到的马克笔线条就会大小不一。同时，握笔的姿势也会影响马克笔线条的表达。

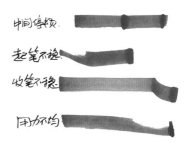

3.1.2 马克笔面的画法

马克笔面的画法：铺面的时候，注意好力度及面与面之间的颜色过渡。面与面之间可用斜向笔触过渡。

马克笔面的明度处理：马克笔的明度在一个色系中由亮到暗，受光源影响，越靠近受光面就越亮，反之颜色就越重。

马克笔面的色彩练习：类似于这样的练习，有利于提高颜色与颜色之间的叠加表达能力。同类色的马克笔在明度上有深有浅，因此可以运用不同深浅的同类色马克笔进行叠加，这样既有丰富的笔触效果又有相对层次阶梯的色彩变化。通过类似于这样的练习可以提高马克笔色彩之间的搭配能力，为刻画效果图打下坚实的基础。

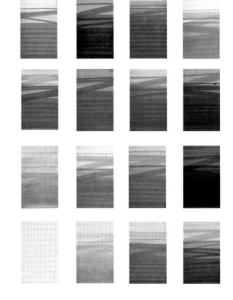

黄色系　　　　　绿色系　　　　　蓝色系

3.2.1 马克笔绘制技法

干画法

　　干画法指在每一步着色完全干透后再进行下一次叠加，所画出来的笔触清晰、明确、有力，叠加效果非常清楚。

　　干画法所用的范围：光泽度比较高的材质，如木材、石材、大理石，以及地面铺装大面积墙体、玻璃、不锈钢等。干画法能够表达出干脆、有力、明快的色彩空间。

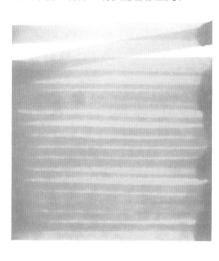

STEP 01 进行第一遍着色，适当表现出一些笔触效果。

STEP 02 在第一步完全干透的情况下，找出深一层次的马克笔进行叠加，但不要把第一遍的颜色完全覆盖，最后适当地做出笔触效果。

STEP 03 用更深层次的马克笔逐渐丰富面的层次，可以适当画出一些大小不同的点，使画面有点、线、面的关系，画面更加有细节。

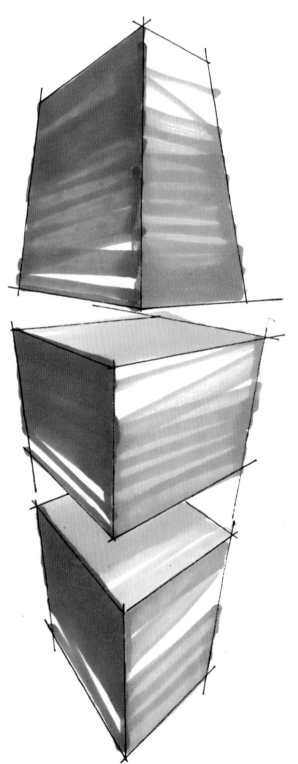

排笔触时，应遵循透视的方向或是沿着结构的方向进行排笔着色，适当做出"Z"字形的笔触效果。

湿画法

　　马克笔的湿画法有别于水彩的湿画法，但在一定的程度上又和水彩的湿画法类似，其作用都是为了表现出柔和的过渡效果，我们把它称为渲染或退晕效果。

　　马克笔湿画法的适用范围：大面积的天空、草地、水体和墙面等。

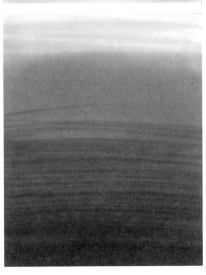

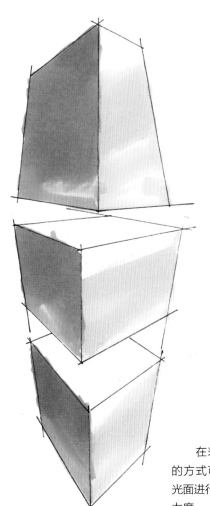

STEP 01 用浅色马克笔从一侧到另一侧进行着色，通过不同的力度由重到轻进行反复揉搓，使调子由深到浅。

STEP 02 找出同类色深色马克笔在第一遍未干的情况下，按从深到浅的方向，力度由重到轻，再次进行渲染。

在表达实际体块中，运笔的方式可随着物体的结构或受光面进行表现，但一定要控制好力度。

干湿结合画法

　　干湿结合画法是把两种马克笔基本技法进行结合，能有效弥补干画法色彩之间衔接不均匀，湿画法色彩过于平涂的特点。干湿结合画法既能使色块有笔触，又能达到调子的和谐过渡。

STEP 01 用浅色马克笔从一侧到另外一侧，通过不同的力度由重到轻进行反复揉搓，使调子由深到浅。

STEP 02 找出同类色深色马克笔在第一遍未干的情况下，按从深到浅的方向，力度由重到轻，再次进行渲染。

STEP 03 此时，运用湿画法渲染完成。待颜色全部干透，再结合干画法用更深的笔触进行过渡处理。

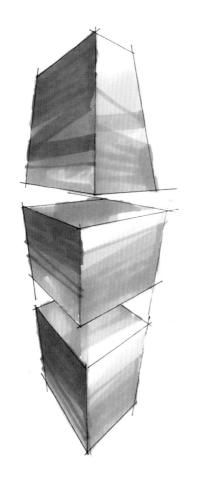
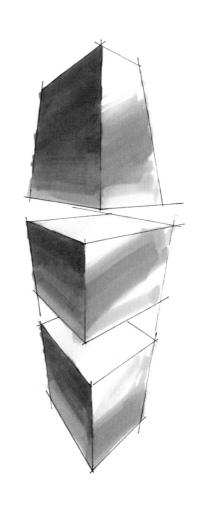

3.2.2　马克笔结合彩铅绘制技法

　　彩色铅笔（简称彩铅）的颗粒感可以使画面显得更为细腻。马克笔和彩铅的结合，可以使整个画面效果更加柔和，过渡更加有序，因此在实际效果图的绘制中，经常会将马克笔和彩铅结合起来使用。

STEP 01 用彩铅对受光面和灰面进行基本的铺色。

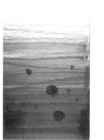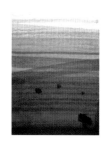

STEP 02 用颜色相对较浅的马克笔进行颜色的叠加。

STEP 03 运用同类色的马克笔在第二步的基础上进行
叠加并适当做出笔触效果。画出一些大小、疏密不同的
点，使画面更具有点、线、面的关系。

马克笔材质表现

第 4 章

4.1.1 石头

中国园林也叫"山水园林"，其中石头占了半壁江山，园林中对石头的应用主要是置石和假山。石头中以太湖出产的太湖石最为著名。有时某个园子出名靠的是一块山石，如留园中的冠云峰、豫园中的玉玲珑等，这些石头在当时的价格是非常高昂的，现在更是无价之宝。石头在古典园林中营造的意境和景观效果是中国园林文化和内容的主要构成部分。

古人云，"石分三面，树分五枝"，这是对物体体块转折的概括总结。在表现石头时，转折面画得越多，体积就越丰富。

在刻画石头这一类材质时，要分面刻画，面与面之间的区别要明显，线条要干脆利落。画石头时，"明暗交界线"的作用是交代石头的转折面，也是刻画的重点。同时注意留出反光，也就是在暗部刻画时反光面用线较少。

上色时，要分清冷暖颜色，先用浅色铺出固有色，然后逐渐叠加深色。若石头本身是暖色，可在反光处适当点缀冷色，石头的投影用冷重色刻画，反之则用暖色。石材亮面可以不按照石头的结构方向进行排笔，可以用马克笔的宽头进行竖向排笔，这样可以使光感显得更加强烈，高光处可用白色涂改液适当点出来，切记不要用得太多，否则会使画面显得凌乱、花哨；石材亮面的周围可适当加出周围环境，加强了对比，使物体、材质显得更加活跃。

范例1

STEP 01 用深浅不同的彩铅表达出石头的亮面和暗面。

STEP 02 用WG1号马克笔先涂出灰面和暗面的基本调子。

STEP 03 用WG3号和WG5号马克笔强调石头暗部的关系，使石头更有立体感，最后用涂改液点出一些亮色点。

范例2

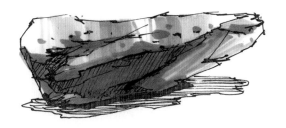

STEP 01 用CG1号马克笔刻画石头的第一层颜色，用垂直笔触时要注意石头面积的宽窄。

STEP 02 用CG3号马克笔强调石头的暗面和亮面之间的关系，使石头更有立体感。

CG1
CG3
CG5
WG5

STEP 03 用 CG5 号马克笔强调石头的暗面部分。为了使地面和石头能够区分开，投影部分用 WG5 号马克笔刻画。在石头上用高光笔涂出一些亮色，用以表现石头的光泽度。

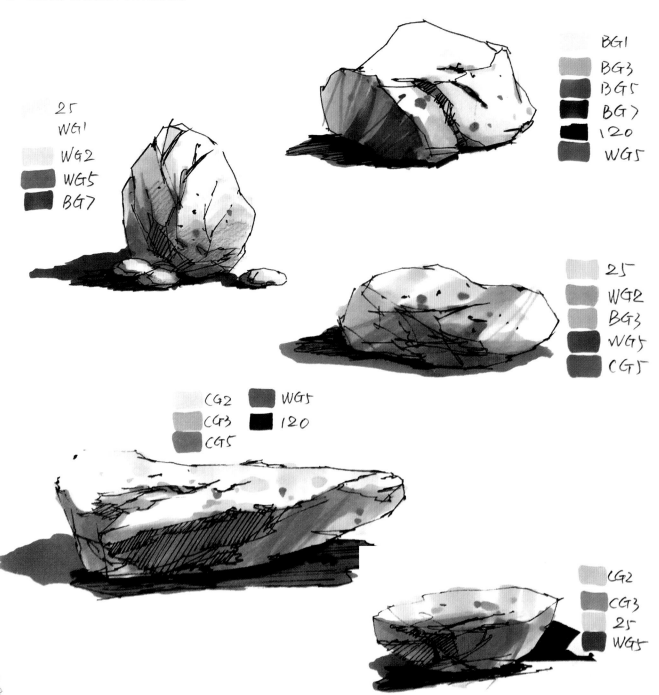

BG1
BG3
BG5
BG7
120
WG5

25
WG1
WG2
WG5
BG7

25
WG2
BG3
WG5
CG5

CG2　WG5
CG3　120
CG5

CG2
CG3
25
WG5

4.1.2　大理石

　　大理石主要是被加工成各种形材、板材，用于建筑物的墙面、地面、台、柱等，还常用于纪念性建筑物，如碑、塔、雕像等。大理石还可以雕刻成工艺美术品、文具、灯具、器皿等实用性艺术品。大理石质感柔和，美观庄重，格调高雅，花色繁多，是装饰豪华建筑的理想材料，也是艺术雕刻的传统材料。

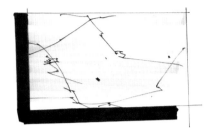 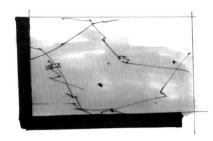 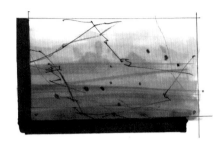

STEP 01 先用 25 号马克笔铺底色。　　STEP 02 运用湿画法，用 WG1 号马克笔和 WG3 号马克笔进行渲染。　　STEP 03 运用干画法，用 WG5 号马克笔叠加暗色部分。

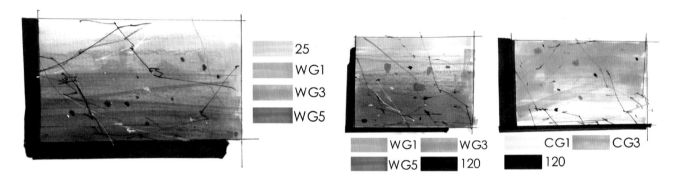

STEP 04 运用赭石颜色彩铅过渡画面，使画面感更为细腻，再用该彩铅刻画肌理线条，使画面感更为丰富。用提白笔提出白色肌理线条。

4.1.3　文化墙

　　文化墙是能够展示出一定文化特性或文化精神的装饰墙。把墙景美化作为支持城市精神文明创建工作的一项行之有效的载体，将其与改善、美化城市街景结合起来，把城市的形象品牌有效融合，描绘和谐、文明、人文、艺术的城市风景线。在景观设计中能够有效体现设计风格、理念等特点。

　　文化墙随着地域材料或设计师理念的不同，形式千变万化，肌理效果也不同。

文化墙表现形式

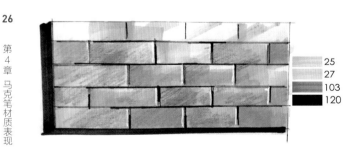 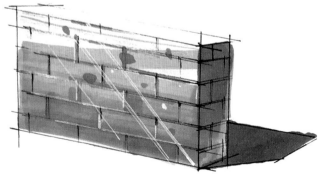

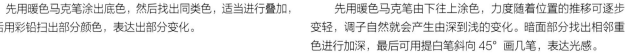

先用暖色马克笔涂出底色，然后找出同类色，适当进行叠加，最后用彩铅扫出部分颜色，表达出部分变化。　　先用暖色马克笔由下往上涂色，力度随着位置的推移可逐步变轻，调子自然就会产生由深到浅的变化。暗面部分找出相邻重色进行加深，最后可用提白笔斜向 45° 画几笔，表达光感。

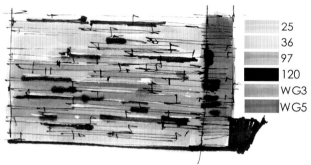

	25
	36
	97
	120
	WG3
	WG5

这类文化墙涂色方式和第二种类似，只是它的笔触变化是由左到右、由密到疏。

这一类型文化墙凹凸感很强，在刻画的时候要用重色马克笔强调突出来的石材阴影。

4.1.4 冰裂纹铺装

冰裂纹是我国古代常见的地砖及墙面装饰纹样。人们觉得这些裂纹不仅不影响使用，还具有装饰效果，在实际使用中，剩余的边角料还可以通过拼接得到意想不到的视觉效果。

由于冰裂纹样式本身较为细碎，可通过以下两种方式进行表达。

绘制线稿时进行实画，上色可弥补线稿"碎""花"等不足。

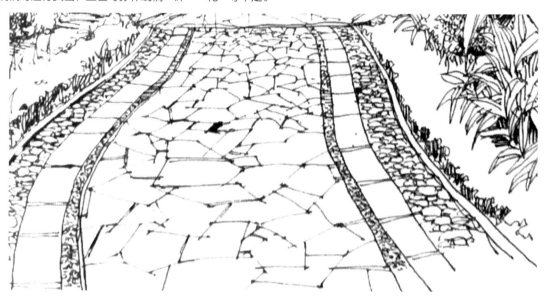

可通过虚实刻画的方式绘制线稿，即为中国古代绘画中的常用技法"少即是多"。

STEP 01 用 25 号马克笔，运用轻重不同的笔触，铺出整体色调。

STEP 02 运用 BG3 号马克笔，叠加出一些冷色的拼花，然后运用不同颜色的暖色彩铅扫出地面拼花的质感，使其显得更有细节，背光面的桥面用 WG3 号马克笔进行刻画，使其与受光面桥面的调子拉开。

	25
	51
	59
	67
	BG3

STEP 03 用 59 号马克笔渲染远景植物，这样在整体色调上，桥面为暖色，远景为冷色，形成一种强烈的冷暖对比关系。

STEP 04 深入刻画细节，拉开远景植物的色调，丰富水体的刻画。

4.1.5 普通瓷砖

瓷砖是以耐火的金属氧化物及半金属氧化物，经由研磨、混合、压制、施釉和烧结的过程，而形成的一种耐酸碱的瓷质或石质等建筑或装饰材料。依用途可分为：外墙砖、内墙砖、地砖、广场砖和工业砖等。

瓷砖光泽度较高，在马克笔表达上先运用湿画法横向铺出基本色调，待颜色干透后，再运用干画法使用相对应的深色叠加笔触。

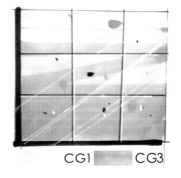

CG1   CG3

4.1.6 太湖石

太湖石是中国古典园林中常用的园林石，原产于苏州洞庭山太湖中，由于长年受水浪冲击，产生了许多窝孔、穿孔、道孔，形状奇特，自古受到造园家青睐。太湖石有 3 种：白太湖石、青黑太湖石和青灰太湖石。

白太湖石的画法

STEP 01 运用固有色 36 号马克笔叠加出深浅不同的色调。

STEP 02 使用褐色彩铅过渡色块，能真实体现石材本身的颜色，用 WG2 号和 WG5 号马克笔加深暗部。

STEP 03 继续加深明暗关系，运用补色原理（77 号马克笔）叠加暗部，使物体本身有冷暖对比。

STEP 04 刻画天空、地面、草地及其投影，完成整幅图的绘制。

	25
	36
	43
	48
	77
	92
	WG2
	WG5

青灰太湖石的画法

STEP 01 用冷色系CG1号马克笔铺出整体色调,这个阶段最主要的是确定固有颜色,因此使用湿画法进行渲染更为合适。

STEP 02 用CG3号马克笔由浅入深地叠加灰面及暗面。

STEP 03 用CG5号马克笔在灰面和暗面交界处适当做出一些明显的线条笔触,这样可使物体的立体效果更为明显。注意线条笔触要适当,不宜过多,笔触过多会使画面产生乱、花、碎等错误现象。

STEP 04 运用群青、紫罗兰、湖蓝等冷色颜色的彩铅和76号马克笔进行适当叠加,使物体颜色更为丰富,色彩倾向更为明显。冷色系过于单一时,可运用49号马克笔在反光处进行适当添加,起到冷暖补色的作用。最后刻画地面、草地,完成该小景的绘制。

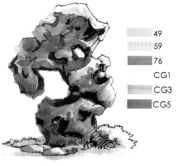

	49
	59
	76
	CG1
	CG3
	CG5

由于青黑太湖石在绘制时和青灰太湖石选色相似,只是调子更为重些,刻画时运用更为深色的冷灰色马克笔刻画即可,在此不再赘述。

4.1.7 透视模式中石材的表达

透视石材的表达

STEP 01 用CG2号马克笔沿着透视方向运用轻重不同的笔触铺出整体色调。

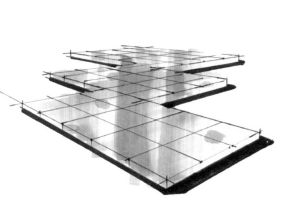

STEP 02 用同一支笔以垂直的笔触表达倒影,一般垂直的笔触都是画在有物体的地方。

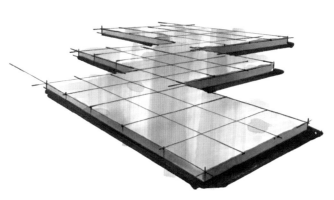

STEP 03 转体的侧面分为两部分,受光面部分用CG3号马克笔加深,背光面部分用CG5号马克笔加深。

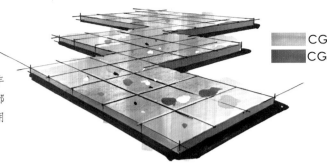

STEP 04 用浅黄色和浅紫色彩铅分区域轻扫砖体，使画面显得更加丰富，细节刻画中用不同深浅的 CG 系列马克笔点出大小不同的点，局部用勾线笔加深勾缝部分，最后在瓷砖的衔接处用提白笔表达细节并用涂改液点出大小不同的白点。

	CG3
	CG5

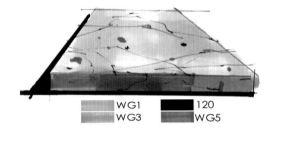

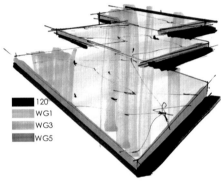

	WG1		120
	WG3		WG5

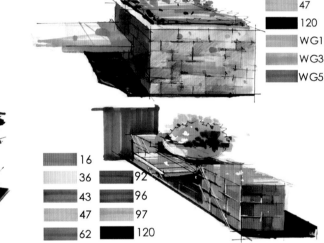

	25
	47
	120
	WG1
	WG3
	WG5

	120
	WG1
	WG3
	WG5

	16		
	36		92
	43		96
	47		97
	62		120

4.2 木材

根据木材在不同景观设计中的应用，我们把它分为不同的类别，如景墙装饰、木栈道、建筑墙面和木质亭廊花架等，都会出现木材的身影。

4.2.1 色粉笔叠加

STEP 01 在木色色粉笔的四周粘上纸胶带，目的是使画出的最终效果图干净整洁。用刮刀均匀地刮出木色色粉笔的色粉。

STEP 02 用纸巾均匀地擦拭色粉。

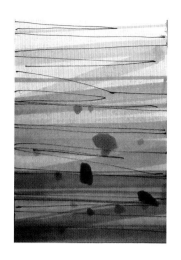 

| 96 | 97 | 103 |

STEP 03 分别用97号、103号和96号马克笔进行叠加，适当注意笔触。　　**STEP 04** 用高光笔勾出一些白线及大小不同的白点，增加细节。

　　运用干画法的原理横向排笔表现受光面的亮色。底面暗色部分用103号马克笔或者96号马克笔过渡出明暗关系。最后用高光笔提出局部亮色并适当画出大小不同的点状，突出画面的点、线、面关系。

 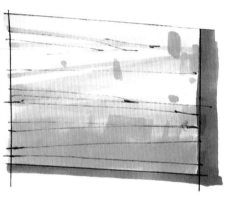

4.2.2　干湿结合叠加

　　前面介绍了湿画法的基本技巧，运用湿画法整体铺色，色彩过渡较为均匀。待颜色干透后运用干画法叠加笔触。

4.2.3　透视模式中木材的表达

　　处理木质地面效果图时要注意地面的透视，按照透视的结构分清前后关系，前景适当刻画细致，远处的色彩可稍微比前景暗或者略微简单一些。受光面先用97号马克笔沿着透视的方向绘制，待第一层颜色干透后，再用垂直笔触表达光感，最后表达出侧光面与背光面的明暗变化即可。

 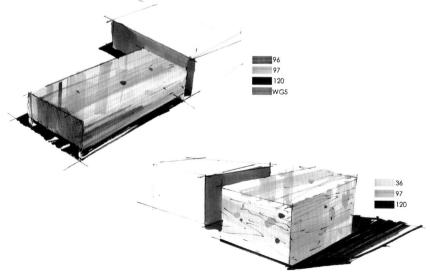

| 96 |
| 97 |
| 120 |
| WG5 |

| 36 |
| 97 |
| 120 |

4.3 | 水体

4.3.1 跌水

　　跌水是园林水景（活水）工程中的一种，它是呈瀑布式跌落的水流，其沟底为阶梯形。根据落差大小，跌水可分为单级跌水和多级跌水。跌水是规则形态的落水景观，多与建筑、景墙、挡土墙等结合使用，适合于简洁明快的现代园林和城市环境，多使用砌石和混凝土进行建造。

STEP 01 上色前，在脑海中规划好画面的空间关系，把握好整体色调。

STEP 02 用色粉笔铺出整体调子。

STEP 03 从浅色开始，确定好大致的色调，注意画面的冷暖及视觉中心点的处理。

STEP 04 加强明暗关系，突出中心。

第 4 章 马克笔材质表现

STEP 05 进一步强化细节，提出亮色，处理好光影关系，把墙面斑驳的树影效果强化出来，增加画面的生动性，树干提白，添加细节。

	25
	34
	43
	48
	77
	BG3
	BG5
	WG3
	WG5

在这节中，讲解了跌水的整体着色，远近调子通过色粉笔进行整体着色，用浅蓝色强化层次，通过 BG1 号、BG3 号、76 号和 62 号马克笔刻画细节，注意好近实远虚的关系。

流动的水体是有规律的，一般呈波浪状往外扩散。因此着色时，水体的面状应该是由前往后、由宽到窄的过渡，这样的空间透视更为准确。

4.3.2 喷泉

画喷泉时一定要注意，画水不是在画它本身，而是画周围的环境，先画出周围环境的颜色，然后可以根据水本身的颜色，用 67 号马克笔进行覆盖，最后添加适当的涂改液，快速抹匀。这样既能表现出水透亮的效果，又能使其和周围环境相融。

	46
	47
	48
	59
	67
	BG3

4.3.3 瀑布

瀑布可以分为自然瀑布和人工假山瀑布,在景观设计中主要针对人工假山瀑布进行讲解。

STEP 01 用色粉笔快速铺出整个水体颜色,暂且不考虑前、中、远景颜色是否需要变化,这些在最后我们可以通过马克笔不同的色相来调整。

STEP 02 在整体空间调子中,分清植物和石材的色相。

STEP 03 继续完善整体空间,用邻近色的深色马克笔强化物体的暗部。如石材的暗部可以用 WG3 号、WG5 号马克笔加深,水体的暗部可以用 BG3 号、BG5 号或 62 号马克笔加深。

STEP 04 画出天空,用高光笔提出水体的亮色,找出物体的环境色。

36	
49	
59	
62	
BG3	
BG5	
WG3	
WG5	

4.4 玻璃

4.4.1 玻璃的绘制原理

画玻璃和画水体时都不是在表现材质本身,而是要适时地表现材质环境的冷暖色调,以及周围物体对材质本身的影响,如材质在清晨、黄昏、夜晚等时间中出现的色调都不一样。玻璃本身会投射出建筑、人物、植物、建筑内部场景,以及楼层结构等。综上所述,想要画好玻璃材质就应把其周围的环境画清楚,最后再适当地添加投影、环境色和固有色,这样玻璃材质就顺理成章地表达出来了。

4.4.2 玻璃表达示例

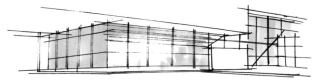
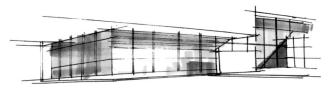

STEP 01 用 68 号马克笔在玻璃受光面及背光面的适当位置铺上颜色,受光面最开始时不要全都涂上颜色,要有适当的留白。

STEP 02 在暗部和投影部分叠加重色,暗部也不要在上一层的基础上全部叠色,否则暗部会显得过于单一。

STEP 03 逐渐加强暗部关系，使亮、灰、暗3个面之间的关系能够拉开，在叠加重色时，适当注意笔触的运用。

STEP 04 用偏绿色、偏蓝色、偏黄色彩铅在受光面的不同区域适当进行斜向排线，使玻璃质感更加突出。用涂改液涂出玻璃的固定构建，提出亮色。玻璃构建的暗部用CG7号马克笔或120号马克笔画出投影，增加画面细节。玻璃的整体色调偏冷色，因此墙体部分可用暖灰色来表达，使画面的冷暖关系区分清楚。

68
76
BG3
WG3
WG5

4.5 天空

4.5.1 彩铅表达

渲染天空的方式有很多，如水彩渲染、彩铅表达、马克笔笔触叠加，或者是色粉笔渲染叠加马克笔等。每一种工具、材料及渲染方式渲染出的天空效果都会不一样，因此建议大家多尝试几种的表达方式。

STEP 01 找出不同色调的蓝色彩铅，分好明暗颜色，为天空的渲染做准备。

STEP 02 用浅蓝色彩铅按面积大小排出层次。

STEP 03 用稍微深一些的蓝色彩铅把天空部分逐渐加深，这样云朵的留白，自然而然就能体现出来了。

STEP 04 选择偏紫色一些的蓝色彩铅对上一层进行局部叠加。

STEP 05 加深颜色、刻画细节是为了更好地衬托空间，用一些重色的配景与天空形成对比，使天空更为整体。这也是以后在画效果图中常用的明与暗对比手法。

STEP 06 最后用纸巾擦拭彩铅，使颜色与颜色之间的过渡更均匀，可适当地添加一些鸟类，使整个画面更有活力。

4.5.2 马克笔表达

画天空是为了更好地突出主体，因此效果图中天空画得好与坏，会影响画面的整体效果。

运用马克笔画天空时，应稍微把马克笔往下倾斜，甚至基本上平行于纸面，这样可以避免画天空时出现很多的锯齿状笔触。

完成后的效果如下图所示，根据天空中云朵分布的不规则性及云朵大小、厚薄的不同，涂颜色时可通过轻重不同的运笔，使其调子发生变化。

常见的天空错误画法

下图和右图均为常见的天空错误画法，天空周边笔头过多，画面过碎。

在实际效果图中渲染天空时，不宜把天空画得过碎、过花，因此靠近植物或建筑边缘时，天空不宜留白，应当满画。天空的边缘可适当做笔触，这样画出来的天空才会张弛有度。

4.5.3　色粉笔表达

在纸张上用刮刀刮出不同颜色的色粉，一般天空顶部为深蓝色，底部为浅蓝色。若想使画出来的整个天空保持干净，可以用纸胶带或者透明胶粘住色粉笔四周；色粉笔很容易擦除，因此不用透明胶粘贴也可以，最后用橡皮擦掉脏处即可。

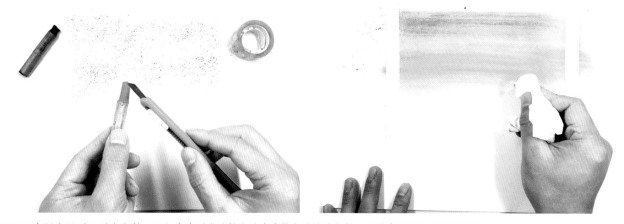

STEP 01 在纸上用刮刀刮出色粉，用纸巾在刮出的粉末处力度均匀地擦拭色粉，让其在图纸上均匀地渲染。

STEP 02 渲染完成后，若想使天空中出现一些云朵，可以用橡皮擦在整个色粉面上进行不同力度的擦拭，就会出现不同效果的云朵。

用刮刀刮出不同色调、不同明度的暖黄色色粉笔粉末，用纸巾均匀涂抹，便可出现退晕效果。

该图中的云朵是在天空渲染完以后添加的，添加的方法是将涂改液涂在图上，然后用纸巾擦拭。

4.5.4　综合表达

太阳、云朵的留白都是后期通过橡皮擦出来的，但是如果之前已有马克笔颜色的叠加，就无法擦除出云朵的效果了。

天空颜色的一般规律是离我们越近调子越深、越远调子越浅。

4.6 不锈钢

不锈钢材质的画法。下图展示了常见材质的表达方式，目的是区分和对比出不锈钢材质的不同之处。不锈钢材质的画法和常规画法不同，重色和亮色的位置往往相反，而且它的光泽度较高，对周围环境的影响特别大。亮色部分通常呈现的是重色，重色部分通常会反射出地面环境等其他因素，因此调子会以相反的方向产生。在表达技法及光影表达上与玻璃类似。

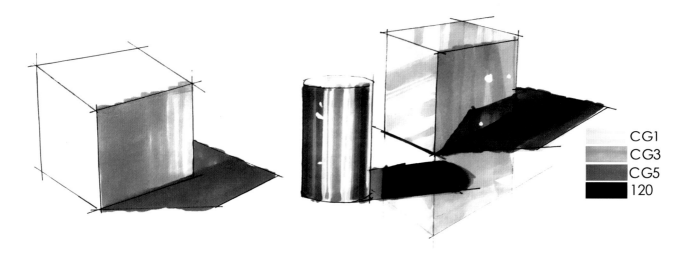

CG1
CG3
CG5
120

植物表现技法

5.1 植物线稿及上色技法

景观设计的四要素分别为土地、植物、水体和建筑。植物是环境的构成要素之一，也是景观效果图的重要组成部分，因此植物线稿及马克笔的上色在景观效果图当中尤为重要。

下面来讲解植物中马克笔基本技法的表现。

平涂：用马克笔的宽头、运用不同的笔触向不同方向进行单色渲染；叠加出大小不同的色块，可以不用表现太多的细节，但是一定要做好整体表现。

过渡：用同一支马克笔或不同颜色的马克笔，处理好明暗关系，使之在明度上产生区别。

单线：先用马克笔的细头斜向45°进行一次排线；然后通过平涂的方式，对暗部和灰面进行叠加，在明与暗之间的灰面过渡中我们可以进行适当的点笔处理。

拖笔：拖笔的运用是为了让调子从一侧到另一侧、一次性完成由暗到亮的过渡。一般植物都是顶部受光或顶侧不受光，因此我们可以从底往上进行拖笔，或者由斜下往斜上进行拖笔，让调子产生明与暗的过渡。这个表现技法需要大家平时多做练习。

组合练习：可以通过平涂法、过渡法和单线叠加法等进行组合练习，让同一棵植物表现不同的效果。

用模拟计算机涂色的方式给植物进行叠色，可以用亮一些的颜色。例如，用59号马克笔画出受光面；用47号马克笔涂出灰面颜色；用43号马克笔叠加出暗部的颜色。通过这样的组合练习可以使植物亮灰暗之间的关系比较明显。

组合	单线叠底	平涂
拖笔	过渡	鼠绘技法

以下的4棵植物单体上色，就是根据上面讲解的植物表现基本技法进行上色的，大家可进行对应练习。上色时要注意灌木体积形态的表现，不同植物的固有色是不尽相同的，所以在底部涂色时我们要先把底色铺好，然后找出类似的颜色来做叠加，如亮部用26号马克笔叠加，灰面用59号马克笔叠加，暗部用76号马克笔和62号马克笔叠加。叠加时要特别注意植物面与面之间调子的衔接，不能太突兀，笔触之间的结合也必须合理；可以适当进行一些点笔，融合面与面之间的过渡，使画面效果显得生动、自然。

范例 1

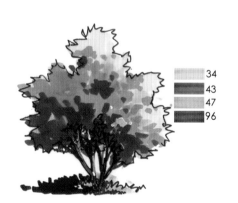

	34
	43
	47
	96

STEP 01 用34号马克笔对整棵小乔木进行平涂。

STEP 02 用47号马克笔对植物的暗面及明暗交接处进行平涂，适当留出一些底图的颜色，但不要过多，亮面和暗面之间用碎笔触适当做出过渡效果。

STEP 03 用43号马克笔画出植物的暗面部分，用96号马克笔画出枝干的重色，最后用涂改液点出植物的亮色部分。

STEP 01 用 49 号马克笔斜向 45° 铺出乔木的亮面部分。

STEP 02 用 34 号马克笔刻画出植物的暗面部分，同时也要注意好暗面和亮面的过渡。

STEP 03 继续刻画暗部，丰富植物的层次。

STEP 04 用 25 号马克笔刻画叶子，表现画面颜色的丰富性。

STEP 05 当颜色过于单一时，可以用颜色的补色或颜色的冷暖色来做对比。如图运用了 59 号马克笔在画面中表现色彩的冷暖对比。

STEP 06 用 103 号马克笔强调植物的暗面部分。

范例3

STEP 01 用 48 号马克笔表现出植物的受光面，注意刻画植物受光面时不要过于形式化和模式化。

STEP 02 用 59 号马克笔整体涂出画面的暗面部分，注意要做好暗面和亮面之间的过渡。

STEP 03 用 47 号马克笔强调局部重色区域。

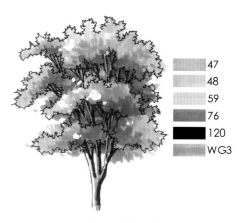

	47
	48
	59
	76
	120
	WG3

STEP 04 颜色的加重不一定要用同类颜色，可以用一些偏冷或偏暖的重色对画面进行再次刻画。如图是用76号马克笔再次强调暗面之间的颜色过渡。

STEP 05 为了使画面颜色有冷暖倾向，用WG3号马克笔对画面进行冷暖色调的调和。

STEP 06 深入刻画，找出细节，用提白笔勾出枝干的细节，用涂改液点出植物的亮色部分。

范例 4

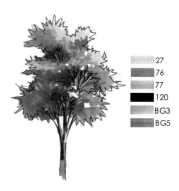

	27
	76
	77
	120
	BG3
	BG5

STEP 01 用BG3号马克笔涂出植物的明暗交接面部分。

STEP 02 用27号马克笔表现出植物的受光面部分，用77号马克笔过渡植物的灰面部分。

STEP 03 用76号马克笔强调植物的暗面部分，注意植物的形状有很多种，在植物排线时最好由下往上扫笔，这样可以表现出相对随机的笔触线条。

STEP 04 用BG5号马克笔强调画面的重色部分，用提白笔勾出枝干的细节，用涂改液点出植物的亮色部分。

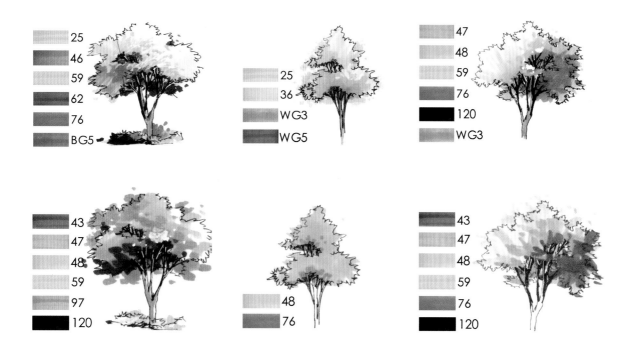

	25
	46
	59
	62
	76
	BG5

	25
	36
	WG3
	WG5

	47
	48
	59
	76
	120
	WG3

	43
	47
	48
	59
	97
	120

	48
	76

	43
	47
	48
	59
	76
	120

素描关系在景观效果图中的运用是非常广泛的，以绿篱、灌木为例，下面详细讲述素描关系与景观效果图的联系。

素描的五大调子分别为明暗交界线、亮面、灰面、暗部和反光。投影是属于物体与物体之间产生的关系。素描的三大面分为黑、白、灰3部分。

黑、白、灰即亮面（受光面）、灰面（侧光面）、暗面（背光面）。在调子的区分中，把这三大面拉开，三大面中暗面的调子最重，其次是侧光面，最浅的是受光面。若和投影相比，投影的调子要比暗面重，如下图所示。

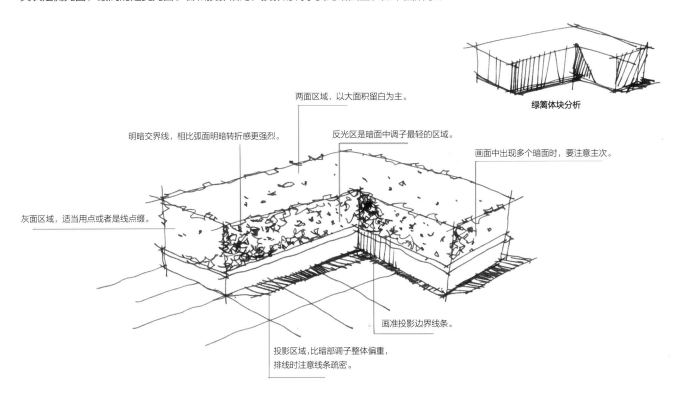

绿篱体块分析

两面区域，以大面积留白为主。

明暗交界线，相比弧面明暗转折感更强烈。

反光区是暗面中调子最轻的区域。

画面中出现多个暗面时，要注意主次。

灰面区域，适当用点或者是线点缀。

画准投影边界线条。

投影区域，比暗部调子整体偏重，排线时注意线条疏密。

5.3 灌木

　　球体的调子和体块的素描调子类似，不过球体所产生的素描调子更为光滑、圆润，因此调子与调子之间的过渡要做到均匀、缓和，也就是亮面、灰面和暗面调子之间的穿插要有序地进行。其中调子最重的仍为暗部。

　　下面左图中有两个球体，画后者球体的作用是用其暗部强化、突出前者球体的亮部，这是景观效果图中常用的明暗对比手法。

　　下面右图是将圆形球体素描关系理论运用到实际灌木的表现，在实际表现中线条可相对自由、灵活。植物的生长是随性的，因此植物边缘可用不均匀的回形线进行刻画，适当表现出凹凸不同的层次。

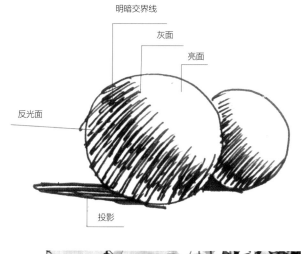

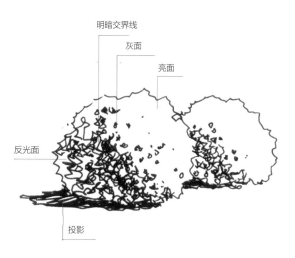

5.4 小乔木及高大乔木

　　在刻画小乔木及大乔木时，可以把它想象成大小不同的球状体，这样植物就有了圆润感和空间感，然后进行边缘描绘，这样可以让画面效果更加有立体感。在枝干与树冠相交的地方可进行重色调强化，注意离这个区域越远重色就越弱，用线上可由密到疏。

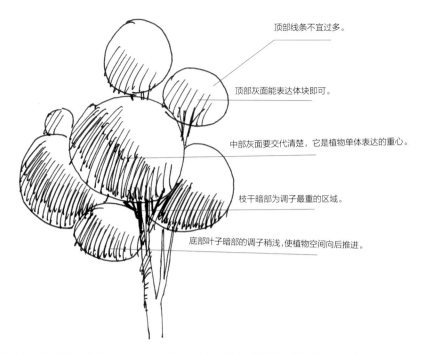

顶部线条不宜过多。

顶部灰面能表达体块即可。

中部灰面要交代清楚，它是植物单体表达的重心。

枝干暗部为调子最重的区域。

底部叶子暗部的调子稍浅，使植物空间向后推进。

植物的颜色在大自然中是丰富多彩的，我们可以用不同颜色的马克笔表达出其特有的颜色及造型。

在景观效果图中，经常会出现红色、绿色、黄色、蓝色和紫色等各种不同色相的植物种类。

黄色的植物表达示例：可以用 33 号马克笔铺出受光面，用 97 号马克笔和 103 号马克笔过渡灰面和暗面，再用 92 号马克笔和 WG5 号马克笔深入刻画暗面和树干。这个时候整个植物颜色过于单调，因为都是暖色，所以考虑用 59 号马克笔做冷暖色相的补色。在适当的暗部区域添加一些绿色成分，也就是冷色成分，让画面有冷暖之间的对比。要注意的是，冷色成分不宜过多，过多的话画面容易画花。也可以用 49 号马克笔铺出底色，用 34 号马克笔叠加做暖黄色的过渡，然后配合运用 59 号马克笔做出植物冷暖色调的区分。枝干用 92 号马克笔深入刻画。

绿色植物表达示例：可以选择用 47 号马克笔、48 号马克笔、46 号马克笔、59 号马克笔和 WG3 号马克笔进行表现，表现冷色植物的时候，尽量避免画面过于单一，和刻画暖色植物的原理一样，用暖灰系马克笔来进行冷暖补色。

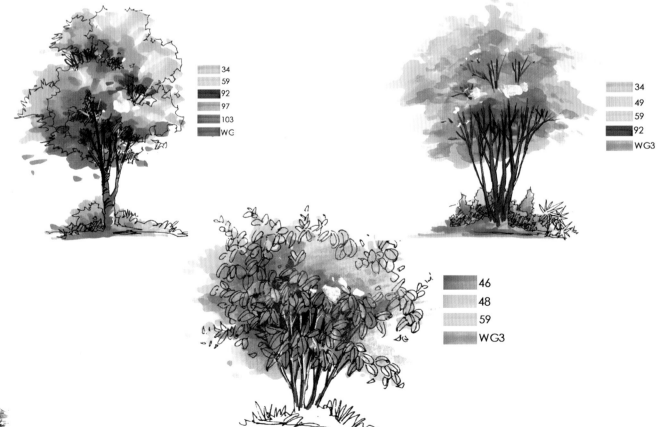

	34
	59
	92
	97
	103
	WG

	34
	49
	59
	92
	WG3

	46
	48
	59
	WG3

第 5 章 植物表现技法

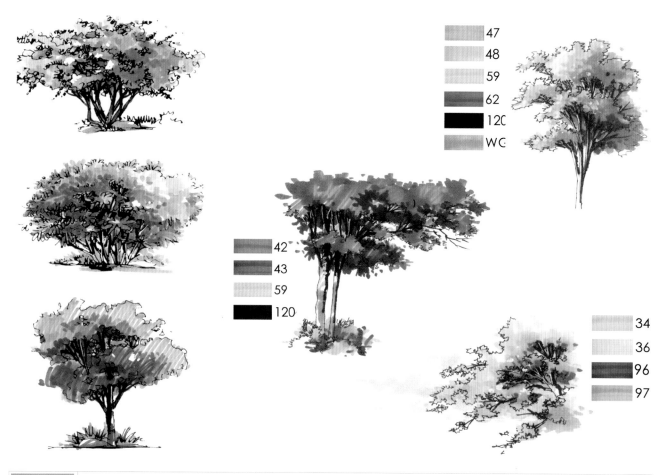

	47
	48
	59
	62
	120
	WG

	42
	43
	59
	120

	34
	36
	96
	97

5.5 棕榈科植物

　　我们在了解椰子树和棕榈科植物的时候可以先通过如下面左图所示的简笔画进行学习，可通过不同方向叶子的形状练习叶子的形态造型，注意朝向不同运笔的方式也不同。

　　我们可以通过用单只马克笔进行叶子的造型练习。从下往上摆笔，因为一般叶尖比较小，所以我们从叶子的根部进行摆笔，这样笔触就由大往小进行变化。也可以适当地进行穿插组织，可以组织出叶子与叶子之间的前后关系。还可以通过单色、单笔进行整棵植物的综合练习。

上

中

下

　　椰子树上色与其他植物的上色方式类似，首先要处理整体空间的明暗关系，切忌一开始就从局部入手处理每一片植物叶子的形状、颜色。从浅入深、跟随结构来处理，随着叶子的方向走势，完成笔触。若亮色为冷色，则我们可以在暗部上适当地增加相对应的暖色，若亮色为暖色，则我们可以在暗部添加相应的冷色作为对比。

STEP 01 用 48 号马克笔画出叶子受光面的基本色调，可根据扇形叶子的轴向进行运笔着色。

STEP 02 用 59 号马克笔表达酒瓶椰子暗面的叶子及下面比较苍老的叶子，注意画面颜色变化的节奏关系。

STEP 03 用 47 号马克笔表现出酒瓶椰子的暗面部分。

STEP 04 用 BG5 号马克笔继续深入刻画暗面细节。

STEP 05 用 76 号马克笔把暗面部分的一些颜色加冷，或者也可以用 76 号马克笔刻画出一些植物形状的叶子。

STEP 06 用 97 号马克笔和 103 号马克笔画出根部的固有色，用提白笔勾出一些亮色的叶子，注意要根据叶子的轴心来表现出画面细节。

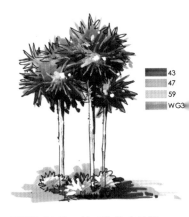

STEP 01 用黄绿色、中绿色及冷绿色的彩铅分别涂出植物亮、灰、暗 3 个部分的基本固有色。

STEP 02 用 59 号马克笔和 WG3 号马克笔进行固有色的平涂。

STEP 03 用 47 号马克笔及 43 号马克笔加深叶子的暗面。

STEP 04 深入刻画植物暗面部分的细节，用涂改液适当地提出植物的受光面，增加画面细节。

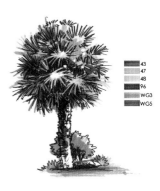

	43
	47
	48
	96
	WG3
	WG5

STEP 01 用 48 号浅绿色马克笔画出蒲葵树的亮色部分，确定亮色的基本色调。

STEP 02 用 47 号马克笔画出灰面中的色彩关系。

STEP 03 用 43 号马克笔刻画出蒲葵树的暗色部分，要注意物体与物体之间的衔接；同时可以用 WG3 号马克笔和 WG5 号马克笔做出蒲葵树的冷暖对比。

STEP 04 用暖灰系列的马克笔如 96 号马克笔、WG5 号马克笔表现树干。整棵蒲葵树的色彩是由暖绿色到冷绿色的变化。

	25
	49
	52
	59
	76

	47
	62
	104
	BG7

	43
	59
	104

酒瓶椰子：该图线稿刻画相对较细，因此在涂色时，通过 34 号马克笔进行平涂，涂出受光面，结合 47 号马克笔、48 号马克笔和 59 号马克笔逐渐往暗部叠加，最后可用 76 号马克笔做出冷暖对比。

	34
	36
	48
	59
	WG3
	WG5

| | 46 |
| | 48 |

	43
	46
	51
	62
	WG3
	WG5

	47
	48
	62

	48
	51
	57
	59
	WG5

蒲葵树和棕榈树的上色方式类似，首先要处理好整体的颜色，然后从整体中再找出局部的变化及细节。

	51
	59
	62
	96
	103

	46
	48
	52
	101
	WG5

	43
	46
	48
	59
	101

5.6　草本植物

　　草本植物的表现中，最重要的是叶子与叶子之间的穿插与转折。笔者把这类型的植物归纳为上中下及左中右。上中下是指上端的植物叶子较细，中部的叶子比较粗壮，刻画时要适当留出虚面，下半部分的叶子由于老化，一般朝地面的方向转向；左中右则指要注意好叶子与叶子之间的穿插与转折，若碰到有穿插的地方，尽量用断线，使虚实关系更为明显。在刻画叶子最密区域的时候，一般要用虚画的方式，即表达"少即是多"。根部交接时，可置入一些小碎石、景观石、小草或植物等，使植物与地面的衔接不至于太生硬。

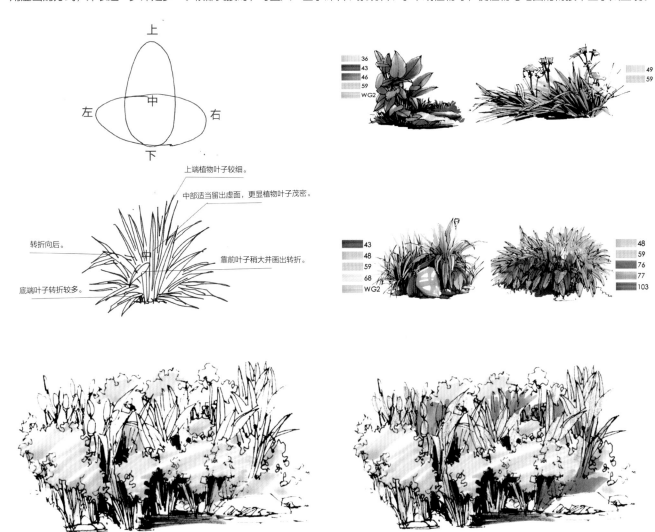

STEP 01 用 48 号马克笔大面积扫出受光面。

STEP 02 用冷色调及灰色调马克笔铺出植物的另外一个层次，拉开画面的冷暖关系。

	42
	48
	59
	77
	103
	WG3

STEP 03 进行整体铺色，使画面颜色更统一，前面拉开的冷暖关系在进行叠色时仍会体现出来。

STEP 04 进行细致刻画，添加重色，使空间更为立体。

5.7 水生植物

水生植物的分类如下。

挺水植物：有荷花、千屈菜、菖蒲、黄菖蒲、水葱、再力花、梭鱼草、花叶芦竹、香蒲、泽泻、旱伞草和芦苇等。

浮水植物：有睡莲、凤眼莲、大藻、荇菜、水鳖和田字萍等。

沉水植物：有黑藻、金鱼藻、眼子菜、苦草和菹草等。

在表达线稿水生植物时，一定要注意植物与水之间的结合。用横向笔触来表达水的波纹，底部进行适当的重色处理。水生植物叶片一般较薄，因此用马克笔刻画时尽量要快速，颜色也要相对透彻一些。

	47
	48
	76
	103
	104
	BG1
	BG3

5.8 草皮

以下为草皮常见的几种笔触表现。可以先用 48 号马克笔画出草皮的亮色，再用 47 号马克笔确定基本的颜色色调，最后用 43 号绿色马克笔过渡重色部分。

5.9 | 其他植物

竹子

在实际效果图刻画中，会有范例中两种竹子的表现方式。竹子的表现难点在于叶子的刻画，因此我们用推笔的方式刻画出竹子叶子的外形，使其更为生动地展现出来。

范例 1

	57
	59
	43

STEP 01 用 57 号马克笔画出明暗交界的冷色调。

STEP 02 用 59 号马克笔铺出竹子的固有色。

STEP 03 用 43 号马克笔深入刻画细节，用浅暖色马克笔在其中适当地画出暖色部分，使画面有冷暖的对比关系。

  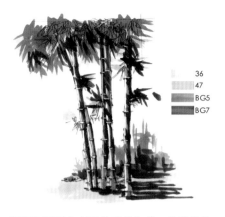

	36
	47
	BG5
	BG7

STEP 01 用 47 号马克笔画出竹子的固有色。

STEP 02 用 36 号马克笔画出暖色叶子，然后用深绿色马克笔或蓝灰色马克笔加深竹子的重色部分。

STEP 03 深入刻画竹子的细节，注意用提白笔勾出竹节的突出部分，使画面更为生动。

芭蕉科

芭蕉科是单子叶植物，有 3 属 60 余种植物，主要分布于亚洲及非洲的热带地区，我国的芭蕉科植物有 3 属 12 种。它是多年生粗壮草本，具根茎；叶子呈螺旋状排列，叶鞘层层重叠包成假茎；叶片大，呈长圆形至椭圆形，叶脉分为粗壮的中脉和多数平行的横脉。

先用 48 号马克笔刻画芭蕉叶的受光面，再用 59 号马克笔和 47 号马克笔叠加植物的固有色，最后用 76 号马克笔和 43 号马克笔刻画暗部。

	25
	36
	43
	47
	48
	59
	76
	120

柳树

柳树的树枝自然垂落，因此在线稿表现时要从上往下。画树枝时适当带出一些弧线，注意要画出植物的明暗交界线部分，树冠部分表达出外轮廓即可，树干部分可适当做一些曲折使柳树更为自然。

  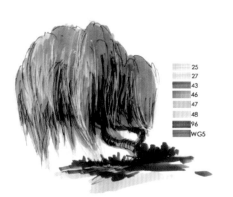

	25
	27
	43
	46
	47
	48
	96
	WG5

STEP 01 用 48 号马克笔铺出柳树的固有色。

STEP 02 用暖黄色马克笔铺出植物的暗面部分，使植物有明显的冷暖对比。

STEP 03 逐渐加深、加强植物冷暖色的衔接，深入刻画细节，最终用提白笔或涂改液适当勾出一些亮色的树枝。

松树

STEP 01 用深蓝绿色彩铅大致画出植物的
基本固有色。

STEP 02 用 47 号马克笔，运用不同的力度
画出植物的基本色。

STEP 03 逐渐加深、加强植物的受光面及
背光面，使画面的立体层次更为明显。

针叶植物主要包括常绿针叶植物及落叶针叶植物两大类。

常绿针叶植物有雪松、柏松、柳杉和罗汉松等；落叶针叶植物有金钱松、水杉、落羽杉、池杉和落叶松等。

针叶植物的共性是叶子繁密。刻画时，按照素描关系分清光源；上色时，以墨绿色为主调，留出少量亮色即可。

第 **6** 章

景观构筑物

6.1 亭子的理论及表达

　　亭子是一种汉族传统建筑，多建于园林、佛寺、庙宇等之中，是建在路旁或花园里供人休息、避雨、乘凉用的建筑物，面积较小，大多只有顶，没有墙。它是用来点缀园林景观的一种园林小品，材料多以木材、竹材、石材和钢筋混凝土为主，近年来玻璃、金属、有机材料等也被人们应用到这种建筑上，使亭子这种古老的建筑体系有了现代的时尚感。

　　亭子的分类：在众多类型的亭子中，方亭最常见，它简单大方；圆亭更秀丽，但其额坊、挂落和亭顶都是圆形的，施工要比方亭复杂。亭子的平面形式有方形、长方形、五角形、六角形、八角形、圆形、悔花形和扇形等。亭顶除攒尖顶外，歇山顶也相当常见。在亭子的类型中还有半亭、独立亭和桥亭等，它们多与走廊相连，依壁而建。

　　接下来以四方亭为例，为大家详细说明亭子的作图步骤。

STEP 01 确定四根檐柱的位置。

STEP 02 在檐部顶部扩展出亭子顶部的四方形，在四方形中画出对角线，找出整个方体的重心点。

STEP 03 以重心点为起点，连接各个端点，得到亭子顶部的形状。画出坐凳的铅笔稿，深入细化亭子的构造，如雷公柱、亭子上架和花梁头等。

范例 1

　　该图为六角中式亭子，步骤、画法和四方亭相似，不同的地方在于造型及透视上难度会更大，需要把透视关系在铅笔稿中做得更充分一些。

STEP 01 用 120 号马克笔直接强调出亭子的暗面,以及整体阴影的投影关系。这样会使物体本身的立体感增强。

STEP 02 用 CG3 号马克笔刻画出亭子顶部及亭子底部结构的基本固有色,用 94 号马克笔画出木质材质相对应的一些基本材质关系。

STEP 03 用彩铅平涂出坐凳的色彩关系,用 92 号马克笔继续深入刻画木质材质的一些变化。

| 25 |
| 92 |
| 94 |
| 120 |
| CG3 |
| CG5 |
| WG5 |

STEP 04 用 25 号马克笔及 WG3 号马克笔画出受光面的基本调子,使光源更为突出。

STEP 05 对亭子的细节进行刻画,用提白笔强化受光面的光影表现。

范例 2

STEP 01 用 48 号马克笔铺出空间植物的暖色部分。

STEP 02 继续深入湖面进行整体铺色,用 47 号马克笔强调植物部分,用 101 号马克笔和 104 号马克笔画出木栈道的固有色。

	25
	46
	48
	62
	96
	97
	101
	BG3
	CG5

STEP 03 拉开冷暖关系,强调空间的景深感。

STEP 04 完善空间细节,加深暗面,提出植物的受光面,在亭子顶部用 CG3 号马克笔通过斜向提出笔触表达光感。

范例 3

STEP 01 用 97 号马克笔、CG3 号马克笔和 WG3 号马克笔画出材质的固有色。

STEP 02 因为前景物体及地面铺装的基本色为暖色,因此远景植物应该用冷色系来表达。用 48 号马克笔和 46 号马克笔画出远景植物的层次。

	46
	48
	62
	96
	97
	104
	120
	CG3
	WG3
	WG5

STEP 03 深入完善空间效果,加深、加强暗部,用提白笔提出受光面亮色,使画面细节更为生动活泼。

6.2 廊架的理论及表达

廊架：以木材、竹材、石材、金属和钢筋混凝土为主要原料添加其他材料凝合而成，是供游人休息、有景观点缀之用的建筑体。它与自然生态环境的搭配非常和谐。仿木、仿石的园林景观产品既能满足园林绿化设施或户外休闲用品的实用功能需求又美化了环境，深得用户的喜爱。其自然逼真的表现形式，给广场、公园和小区增添了浓厚的人文气息。廊架一般分为单臂廊架和双臂廊架。

范例

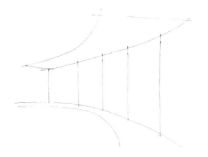

STEP 01 确定柱子的结构线条。

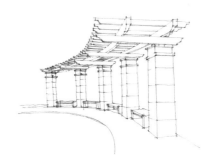

STEP 02 确定廊架顶部的结构。

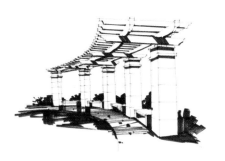

STEP 03 确定好大致的透视关系，逐渐进行空间的细化。一定注意榫卯结构的咬合。

STEP 04 用 36 号马克笔画出亭子顶部的基本固有色，用 120 号马克笔运用不同力度表达出水体及暗面部分的重色关系。

STEP 05 分清明暗关系的变化，用 96 号马克笔斜向表达光影。

STEP 06 画出水面固有色，用 76 号马克笔适当叠加远景植物，使远景及中景植物拉开。

STEP 07 更远处的植物可使用暖色，如 48 号马克笔进行刻画，拉开植物的冷暖关系，使冷暖对比更为明显。用彩铅通过斜向笔触适当地表达天空。

	16
	36
	47
	59
	96
	120
	WG5

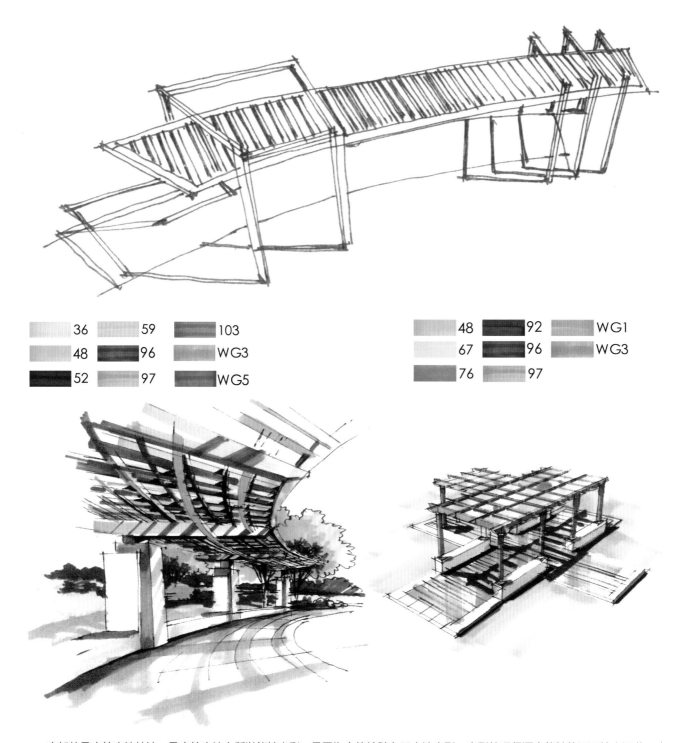

	36		59		103
	48		96		WG3
	52		97		WG5

	48		92		WG1
	67		96		WG3
	76		97		

廊架的马克笔表达技法。马克笔表达之所以能够出彩，是因为它的精髓在于表达光影。光影处理得漂亮能够使画面锦上添花。廊架因其结构特征有很多镂空之处，通过光影的表达会使整个廊架显得更加生动有趣。

用 97 号马克笔突出廊架结构的固有色；用 WG1 号马克笔画出柱子的基本固有色；用 103 号马克笔强化廊架的暗面；最后用 96 号马克笔斜向排笔表达出光影的方向。注意这些斜面、斜向笔触的位置一定要在结构处，切勿乱排笔，否则会使光影和结构不相符合。地面的阴影也要根据结构来完成。画完廊架后发现画面过碎，因此在处理周边环境，例如，草地、天空和植物的时候，一定要画得相对比较整体，不能出现大面积的留白或者细节，否则会影响廊架的表达。

6.3 其他景观构筑物

6.3.1 景墙

景墙是园林中常见的小品之一，其形式不拘一格，功能因需而设，材料丰富多样。除了人们常见的在园林中用作障景、漏景以及背景的景墙外，很多城市更是把景墙作为城市文化建设、改善市容市貌的重要方式。

　　景墙按材料和构造可分为板筑墙、乱石墙、磨砖墙和白粉墙等。分隔院落空间多用白粉墙，墙头配以青瓦。用白粉墙衬托山石、花木，犹如在白纸上绘制山水花卉，意境尤佳。景墙与假山之间可近可远，各有其妙。景墙与水面之间宜有道路、石峰、花木点缀，景物映于墙面和水中，可增加意趣。产竹地区常就地取材，用竹编景墙，既经济又富有地方色彩，但缺点是不够坚固持久，不宜作永久性景墙。

STEP 01 先用彩铅迅速铺出天空的固有色。

STEP 02 用 48 号、47 号和 59 号马克笔铺出植物的亮色部分，用 43 号、46 号马克笔画出远景，用 62 号、76 号马克笔叠加出植物的重色部分。

STEP 03 用 CG3 号、CG5 号、CG7 号、CG9 号和 120 号马克笔叠出丰富的景墙层次。

STEP 04 用涂改液提出亮色线条。

STEP 05 用浅黄色马克笔铺出地面铺装，用 WG3 号马克笔通过垂直笔触画出光感，可以通过用马克笔排出阴影来强调景墙与植物之间的光影效果。

本图在色彩的最初定义时，运用的是蓝色与橙色的对比。

三组对比色中，红色和绿色对比、黄色和紫色对比、蓝色和橙色对比是画面中经常运用的对比关系。色彩的处理不仅是通过素描关系的明暗虚实拉开空间层次，尤为重要的是通过色彩的明度、纯度以及色彩的对比拉开空间层次。这种方式处理出来的空间效果比一味地运用素描关系中的明暗对比更为强烈，色彩明度、色彩亮度也更为突出。

在控制色彩对比的同时，不能只把纯度提高，需要适当地衔接一些其他颜色的补色，如黄色和紫色，局部的红色和绿色。但是一幅画面中只能有一组最为重要和明显的对比色，且面积最大的对比一定是放在视觉中心点中。

本图着重讲述光影的刻画。光影能丰富画面的空间感，增加画面的趣味性，使物体真实地反映空间物体的变化。

左侧墙面，简单有序地强调了光源的方向，用CG3马克笔画出画面的固有色，用CG5号、CG7号马克笔加深物体光源，使其更突出。之所以边缘用灰色系，是为了强调视觉中心点的纯度对比。

中心景墙在最初刻画时，以留白的形式存在，待周围颜色基本画完时，用CG2号或CG3号马克笔，组织好疏密关系，随意地刻画前景植物所带来的光影效果。同时水面上也可体现一些光影的表达，使偏于平淡的水面更富有灵动性。

该图中的天空是由上往下快速平涂，进行快速平涂的目的是强调、衬托前景相对较碎的笔触。这种笔触效果属于整体与细节"整与碎"的对比关系。

该图运用了强烈的红色与绿色对比。

中国有句俗话是"红配绿，赛狗屁"，笔者个人认为这是对颜色的一种误解。我们可以回顾一下经典的红绿搭配，如圣诞节主题颜色，那就是红色与绿色的搭配。

总之，颜色的搭配没有对与错，只有合适与不合适，和谐与不和谐。如果是纯度较高的红色与绿色，如三原色中的原色品红和47号绿色马克笔搭配，这种纯度较高的色彩对比在画面中肯定是不和谐的。我们可以通过偏补色的形式来进行色彩对比，如红色可以选择土红、橙红等，绿色可以选择黄绿色、冷绿色等，这样二者搭配起来肯定没有问题。

在做色彩对比的时候，可以通过其他面积较小的色彩对比，弱化本身强度较高的色彩对比，这样表达出来的空间既丰富又有色彩的变化。

6.3.2　园林桌椅

园林桌椅相对整个园林设计来说，只能算是小配景，但它同时又是一个不可忽略的构成元素。它是与游人直接沟通、接触交流的重要手段，是人交往空间里的主要设施，也是体现整体园林设计思想的关键性细节。

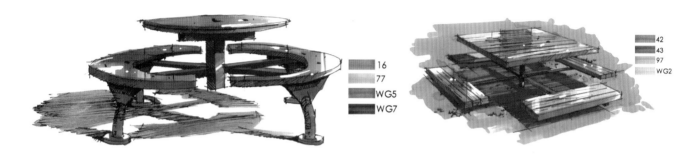

在优秀的园林设计中，休闲桌椅的精心设计是不可或缺的，好的休闲桌椅设计不仅能让游客得到舒适的休息，而且也是一种美的体验与享受。它既具有很好的使用功能，也能体现出设计者的审美，可以使整体园林的设计思想更具体，美感情趣更深刻。

在很多园林场所，随处可以见到别致的园林桌椅，但它的设计是需要遵循一定原则的，否则会影响整个环境的协调。

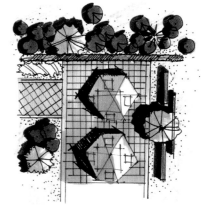

　　园林桌椅要与园林的整体设计风格相统一，与周围的环境相协调。同时，桌椅摆放的位置也是有一定讲究的，要摆放在合适的位置与环境相适应，避免与周围的环境产生突兀感、生硬感。此外，园林桌椅设计的形式与功能也要统一，这些都是需要设计师进行严格把关的。

　　用49号马克笔画出植物的暖色和受光面；用59号马克笔、47号马克笔和43号马克笔逐级叠加植物的灰面和暗面；绿篱部分用冷色52号马克笔叠加出与其他植物不同的色调；地面用36号、25号和WG3号马克笔穿插叠加。

	36
	43
	47
	49
	59
	76
	77
	96
	97
	120
	CG1
	CG3
	WG3

　　黄色的对比色为紫色，因此投影部分及太阳伞的暗面部分均叠加了紫色，使画面中更有色彩感及空间感。

	36
	42
	43
	52
	77
	120
	WG2
	BG5

　　上色的首要原则是保持画面的整体性。我们在丰富画面颜色的同时，必须要抓住画面的整体性，这就需要我们在最开始时就对整个颜色的定义做好设想。

　　该园林小场景为逆光表现。因此，远处植物为亮色，前景植物为重色，同时，也要注意植物及桌椅的投影方向。

6.3.3　园林道路

　　园林道路，是指园林绿地中的道路。它是园林不可缺少的构成要素，是园林的骨架、网络。园路的规划布置，往往反映不同的园林面貌和风格。园林道路和多数城市道路的不同之处在于它除了有组织交通、运输的作用，还有景观上要求：组织游览线路；提供休憩地面等。园林道路、广场的铺装、线型、色彩等也是园林景观一部分。总之，园林道路引导游人到景区，沿路组织游人休憩观景，园林道路本身也可以成为观赏对象。

　　园林道路的分类：可分为主路、支路、小路和园务路。

　　园路的功能：组织空间，引导游览、集散和疏导交通，组织排水。

　　园林道路的基本尺寸：主园路宽 5~7m，二级园路宽 2.5~3.5m，支路、小路宽 0.6~2m，汀步宽 0.6~0.9m。

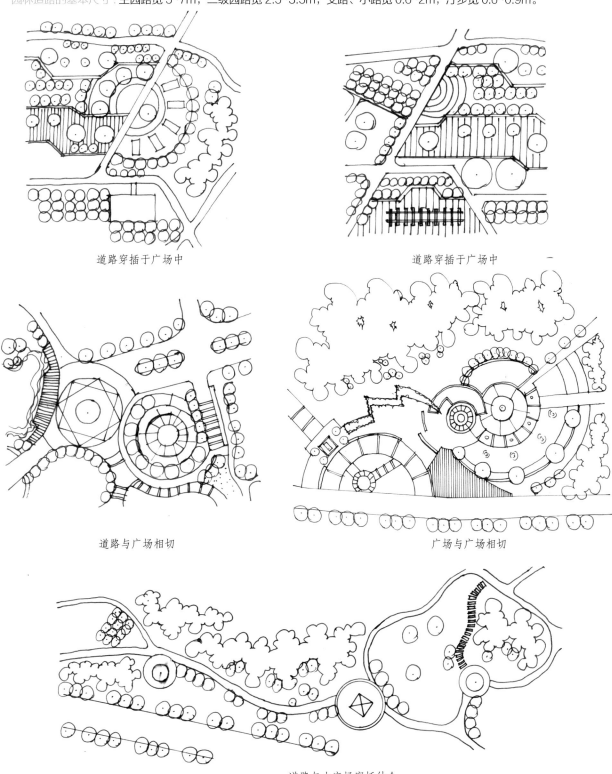

道路穿插于广场中　　　　　　　　　　　　　　道路穿插于广场中

道路与广场相切　　　　　　　　　　　　　　广场与广场相切

道路与小广场穿插结合

园林道路在刻画表现时，应与周围的设计元素拉开关系。处理空间调子时，也要考虑好元素和道路之间的联系，如周围环境阴影的调子或者周围环境的色相。

6.3.4　园林灯具

园林灯具在景观中起到点缀、修饰的作用，其造型风格不同，在景观的实际运用中会起到不一样的效果。因此在效果图中刻画灯具时，一定要适合效果图环境的需求，切勿乱用颜色。园林灯具的颜色、造型也可以丰富多彩，如在儿童区可以选择较为艳丽的园林灯具，若为中式园林可以选择仿木质、石材等较为朴实典雅的灯具造型。

6.3.5　台阶坡地

地形设计在设计中应用很广，特别是在园林设计中，这是最常用的设计手法之一。

我们所说的地形，包括自然地形和人工地形。自然地形是自然中的地貌、地形，这类地形通常为利用为主，改造为辅；人工地形是在设计中由于景观效果的需要，由规划设计师设计，通过土方工程手段创造出来的地形。

不同地形空间的分类

开敞平缓的地形空间：指可供游客进入游赏及活动的园林地形空间，如缓坡大草坪，此类地形的坡度小，地形变化丰富，占地空间大，形成较大面积的活动"面"，可供人们进入，开展各类活动。

稍陡郁闭的地形空间：它是以种植为主的地形空间，此类园林地形坡度可以相对较大，以植物造景为主，形成由植物分隔的郁闭空间。

陡峭封闭的地形空间：它是以空间分隔为主要目的的园林地形空间，此类地形较高，形成视线隔断，空间领域感强。

稍陡郁闭的地形空间

	16
	43
	48
	52
	59
	76
	120
	touch 185
	CG3
	WG5

开敞平缓的地形空间

	43
	48
	52
	96
	97
	WG3

6.3.6 种植设施

种植设施是在特定的外部轮廓具有一定几何形状的植床内，通过人工艺术将同期开放的多种花卉或不同颜色的同种观花、观叶植物集中在一起，让其形成有鲜艳色彩或华丽图案的一种集约式栽植，以发挥群体美，是绿地花卉布置中最精细的表现形式。

种植设施主要分为树池、花池、花钵、种植盆箱、座椅花树池和其他具有主题性质的种植设施等。

43
47
48
59
77
WG1
WG2
WG3
WG5

座椅处是运用 WG1 号马克笔铺出底色；用 WG3 号马克笔垂直画出座椅的受光面；用 WG3 号马克笔和 WG5 号马克笔涂出暗面；投影处，首先用 WG2 号马克笔叠加层次，然后用 77 号马克笔再覆盖一层。座椅本身的暖灰颜色和 77 号马克笔形成冷暖对比，因此空间关系拉开得更为明显，用淡紫色画投影也是效果图中表达阴影时常见的方式。

范例 1

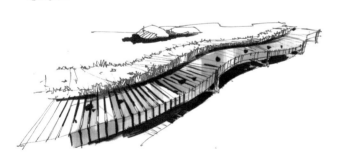

STEP 01 快速用 104 号马克笔沿着结构的方向铺出整个调子。

STEP 02 用 48 号马克笔表现绿篱的基本固有色，用 59 号马克笔表达草地的基本固有色，用 WG5 号马克笔运用干画法的原理叠加座椅的重色。

43
48
59
101
104
WG3
WG5

另一配色练习

43
48
59
101
103
WG3
WG5

STEP 03 深入刻画细节，用提白笔勾出木条之间的受光面，用涂改液点出植物的亮色部分，完成细节刻画。

STEP 01 用97号马克笔找出灰面，即物体的固有色。

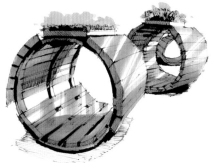

STEP 02 用104号马克笔运用之前所学的马克笔基本技法涂出物体的受光面，用59号马克笔铺出植物的基本固有色。

STEP 03 加深、加强物体的受光面，使明暗关系更为明显。

STEP 04 物体本身为暖色，因此投影可用冷色来表达，用CG3号马克笔画出物体的阴影，使画面的冷暖关系更为明显。

	8
	59
	62
	76
	96
	97
	101
	104
	CG3
	CG5

STEP 05 深入刻画细节，完善画面内容。

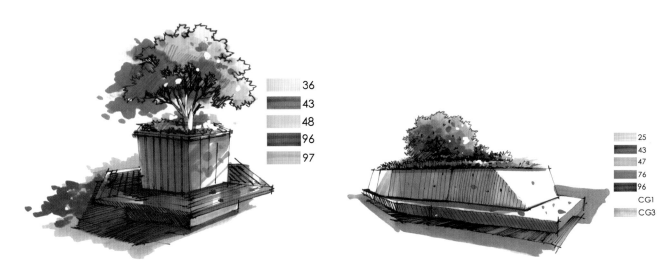

	36
	43
	48
	96
	97

	25
	43
	47
	76
	96
	CG1
	CG3

材质的表达会使物体增色不少，适当在画面中留白比最终用涂改液提白更自然一些。因此在最开始着色时，可以先对灰面和亮面进行留白，先把重色的区域画出来，最终亮面的地方可以通过斜向笔触排线表达光泽度。

若种植设施底部为草地，不宜用冷灰或暖灰的重色系来画投影。遵循材质固有色的原则，我们可用43号马克笔、76号马克笔或者62号马克笔叠加出重色。

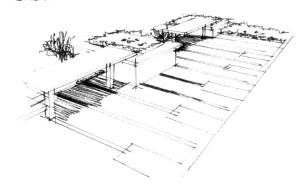

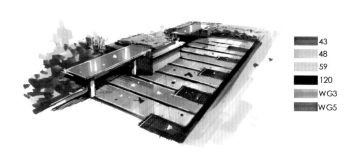

	43
	48
	59
	120
	WG3
	WG5

STEP 01 通过成角透视的方式画出小景中基本物体的透视及尺寸。

STEP 02 在空间上色时，拉开硬质材质及植物的冷暖关系，使画面关系更为明显。

STEP 01 用 120 号马克笔直接画出阴影部分，使画面之间的明暗比着色前更明显。

STEP 02 从视觉中心点出发，用 59 号马克笔、46 号马克笔画出植物的基本固有色。

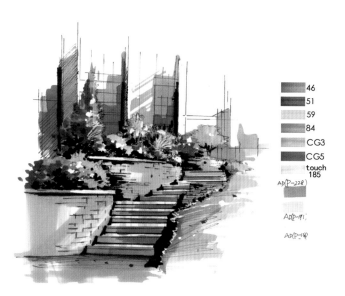

	46
	51
	59
	84
	CG3
	CG5
	touch 185

AD(P-228)

AD(P-191)

AD(P-190)

STEP 03 植物基本上定义为冷色，因此在种植设施上建议大家用暖色，使材质与材质之间拉开空间关系。

STEP 04 深入刻画画面细节，用相对应的马克笔叠加出材质的层次关系，用涂改液点出植物的亮面部分，完成画面细节。

6.3.7 栈桥与汀步

栈桥又称栈道、栈阁，作为湿地浏览道可减少游客对步道周边环境的破坏。栈桥既可以作为景观供游客观赏，又能起到保护环境的作用，因此栈桥是湿地景观开发中既简单又有效且具有生态意义的一种保护环境的手段。

栈桥设计要遵循安全性、美学和实用性等基本原则。

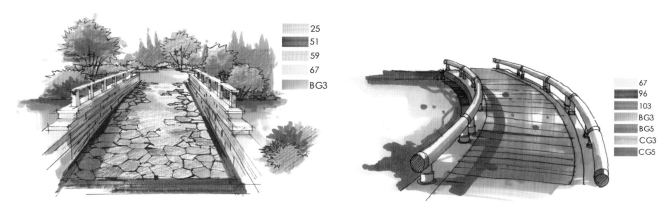

用103号马克笔按照一定的笔触涂出桥面的固有色；用96号马克笔画出栏杆的阴影；用67号马克笔涂出水面调子；用BG3号马克笔、BG5号马克笔涂出水面的暗部；用CG3号马克笔、CG5号马克笔画出栏杆的灰面和暗面。

同一材质空间进深较长时，要学会运用虚实的关系进行处理。

在前景和中景的木质材质上细致刻画，将远景进行虚化。在表现前景和远景的栈道光泽时，可从上往下按同一个方向进行垂直线条的排线，这样栈道的整体性更强一些。

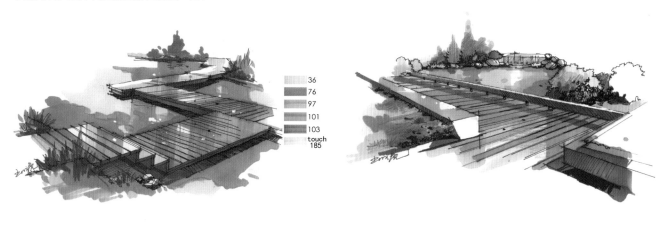

范例 1

STEP 01 用线稿大致勾出空间本身的画面效果，着重强调视觉中心点，以及木栈道周围的疏密关系。

STEP 02 通过之前所学的材质表达基本技法，找出物体的基本固有色，用冷暖关系的原理拉开空间关系。

STEP 03 找出前景的暖色及远景的冷色部分，使画面由近及远、由暖变冷。

	BG1
	BG3
	WG1
	WG3
	36
	46
	49
	57
	59
	76
	touch 185

STEP 04 深入刻画细节，加重物体暗面，使画面之间的明暗关系更为明显。

STEP 05 强调物体，深入刻画空间，拉开空间的黑、白、灰关系。

汀步是步石的一种，多设置在浅水中，在水中按一定间距布设块石，块石微微露出水面，使人跨步而行。

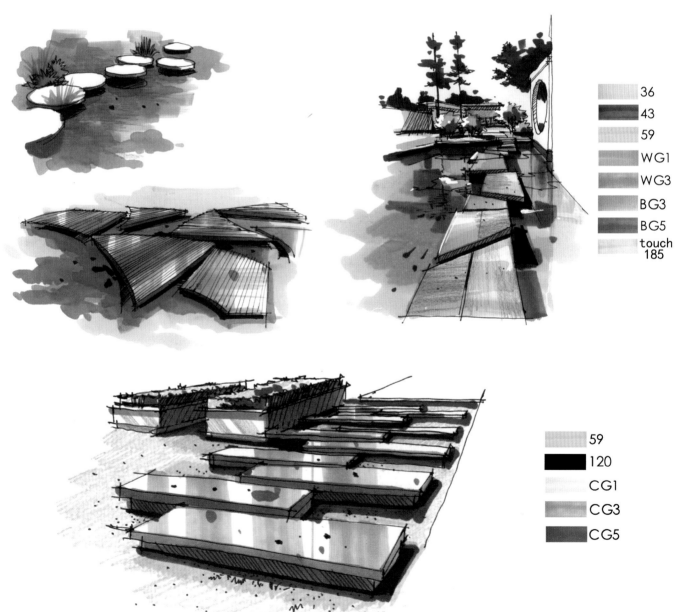

	36
	43
	59
	WG1
	WG3
	BG3
	BG5
	touch 185

	59
	120
	CG1
	CG3
	CG5

第 6 章　景观构筑物

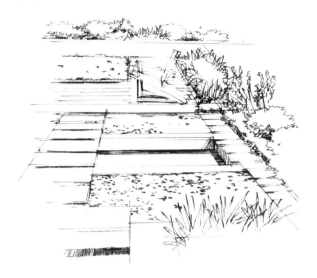

STEP 01 在着色前，首先在脑海中对空间的基本色调进行预判，不要急于着手刻画。

STEP 02 拉开植物、汀步、水体以及木质平台的空间关系，运用冷暖色的基本原理使画面空间更为明显。

	25
	48
	59
	67
	77
	97
	101
	104
	CG3

STEP 03 深入刻画细节，强调物体的阴影及暗面部分，提出视觉中心点的亮色。

配景

第 7 章

人物在效果图中起到拉开空间及虚实的重要作用，它既能使前后物体迅速拉开层次，也能作为平衡空间尺寸的重要"工具"，还能起到美化空间及活跃空间氛围的作用。

细致人物的画法

画细致人物时要注意以下几点。

要注意人物的比例关系，一般速写中人物的比例为"站七、坐五、盘三半"；但在效果图中，我们则用"站八、坐五、盘三半"的比例去刻画；人物线条刻画的着重点放在衣服的褶皱上，褶皱的位置一般是骨骼的转折处，因此，线条一般从该处发散，在线条的处理上，用笔要肯定、流畅。

女人的画法

画女人时要注意以下几点。

效果图中的女性主要以模特的比例来画，也就是腰"细长"、手"细长"，整体比例要按照"站八、坐五、盘三半"的标准来画；女性服饰多种多样，因此，我们在平时应多观察，这样画出来的人物会更生动、更有趣味性，画女性人物时，应注意装饰品的刻画，如挎包、背包、首饰和项链等。

正面人物的画法

在效果图中各方位的人物都穿插其中，这样会使画面感更为丰富。在画正面人物的简笔画时，大致把人物头部、衣服勾勒出来即可。

侧面、背面人物的画法

在画侧面、背面人物时，要注意身体上转折位置的刻画，如臀部、胸部和膝盖等。

儿童的画法

在画儿童时要注意以下几点。

儿童的身材比例要比成年人小，头与身高的比例大致为1:6；画儿童时要把儿童的整体身子画胖，这样能使人物看起来更加生动；在画儿童时要注意配饰的刻画，道具上如书包、气球、画板、书本和玩具等，衣服的图案如花纹、花朵、格子和条纹等，使儿童更活跃，更具有生动性。

简笔人物的画法

　　草图表达中简笔人物用到的频率最高，它能快速反映周围的尺寸关系。更为重要的一点是，对简笔人物着色时，可根据周围颜色的色相适当画出对比色，这样可以强化空间感。

　　刻画简笔人物时，可大致先画出方形、正三角形、倒三角形、椭圆形和梯形等作为人物的身体，然后适当加出手脚，手脚的细节可省略，人物头部用稍大一点儿的黑点代替即可。

鸟瞰人物的画法

画鸟瞰人物时，最开始时可将其理解为有透视关系的体块，然后根据这个结构进行细化，这样画出来的人物的比例更为准确。

其他人物的画法

7.2 车

正面简笔汽车的画法

STEP 01 根据汽车的比例关系，画出简笔体块造型。

STEP 02 绘制出汽车的凹凸轮廓及前照灯，底部阴影加重。深入刻画细节，画出车身的凹凸纹理，加强汽车的明暗关系。

STEP 03 用 36 号马克笔平涂出车身的固有色，用 103 号马克笔叠加刻画出重色。用 WG7 号马克笔加重玻璃及发动机散热孔的颜色，用 120 号马克笔加重阴影，用提白笔勾出凸起高光，体现材质的光泽度。

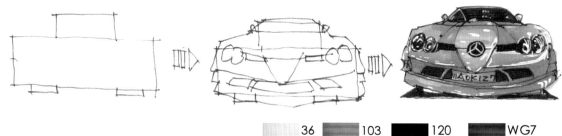

	36		103		120		WG7

侧面简笔汽车的画法

STEP 01 根据汽车的比例关系，画出简笔体块造型。

STEP 02 绘制出汽车的轮毂、轮盘、车门以及门把手；继续深入细化，强调汽车的凹凸轮廓及前照灯，底部阴影加重；深入刻画细节，画出车身的凹凸纹理，加强汽车的明暗关系。

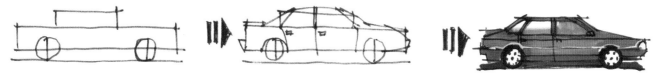

透视简笔汽车的画法

STEP 01 根据汽车的比例关系，适当画出汽车的简单轮廓线，用竖向线条表现出汽车的转折位置。

STEP 02 绘制出汽车的转折轮廓线，深入刻画轮胎细节、汽车前脸的位置关系和后视镜的位置，加出底面重色。

STEP 03 绘制车辆的轮盘及轮胎时，注意用线一定要流畅，并且要把汽车的前照灯、车窗的位置表达准确，车头保险杠和散热孔的位置也要强调清楚。

STEP 04 用 16 号马克笔涂出车身的固有色，用 76 号马克笔涂出玻璃，用 WG3 号马克笔刻画车身的下色调，用重色刻画轮胎，用提白笔勾出车身的转折线。

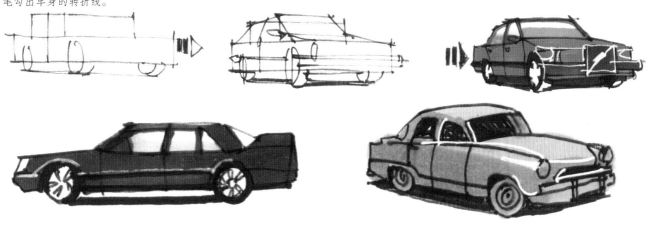

细致汽车的画法

　　精细刻画的汽车在效果图中的使用率并不高，若是要画实际精细的效果图，可以尝试在画面中增加一些较为细致的汽车造型。刻画细致的汽车造型要对汽车本身进行研究，了解汽车的基本尺寸和比例关系。也可以在平时绘制一些较为精细的汽车素材，在后期计算机处理中将其加入效果图中，这样会使画面内容更精彩。

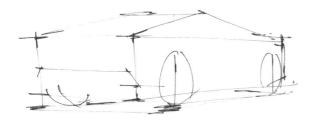

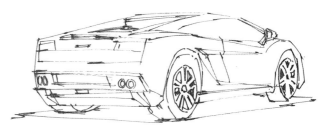

STEP 01 大致绘制出汽车透视图的轮廓线，这一步用铅笔完成，线条可随意柔和。

STEP 02 运用墨线笔在第一步的基础上逐渐刻画汽车的各个结构部分。

STEP 03 深入刻画汽车细节，加重汽车的阴影部分，使汽车的立体层次感更为明显。

STEP 04 用 36 号马克笔、CG5 号马克笔和 16 号马克笔铺出汽车的基本固有色，用 120 号马克笔加深汽车的阴影。

	104
	120
	CG5
	16
	36
	76
	94
	97

STEP 05 用 104 号马克笔和 94 号马克笔加强汽车的暗面。

STEP 06 深入刻画汽车的细节，用提白笔勾出反光部分，使物体画面效果更为明显。

	BG3
	BG5
	CG3
	CG5
	CG7
	touch 185
	120

	16
	76
	94
	96
	120
	WG5
	WG7

	CG5
	120
	WG5
	WG7
	BG1
	BG3
	CG1
	CG3

平面简笔汽车的画法

STEP 01 画出汽车的平面轮廓线，注意转折交接的地方。

STEP 02 区分好车头、车尾以及车身，描绘出不同区域玻璃所在的位置。

STEP 03 增加前照灯、后照灯和反光镜，观察汽车的整体比例关系，一般情况下车头比车尾略长。调整画面，一般情况下汽车的前照灯和远光灯在平面图上都能看见，而尾灯和排气孔一般很少看到。

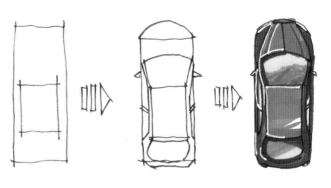

鸟瞰简笔汽车的画法

鸟瞰图汽车和平视图汽车的画法类似，同样都要先找出汽车的基本体块关系，然后按照平视效果图中所讲述的方式逐渐深入，把汽车的基本结构及造型深入细化即可。

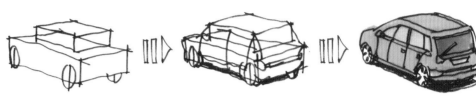

摩托车画法示例

	34
	76
	96
	97
	WG3
	BG5
	CG5
	CG7
	WG7

透视理论总述

8.1.1 透视原理

"透视"一词源于拉丁文"perspclre"（看透）。最初研究透视时是采取通过一块透明的平面去看景物的方法，将所见景物准确地描画在这块平面上，将其作为该景物的透视图。后来，将在三维空间中对物体的观察、研究物体的变化规律和图形画法落实在二维平面上的过程称为透视。

8.1.2 透视的基本术语

面

基面 / 地面（GP）：放置物体的水平面，通常是指地面。

画面（PP）：在画者与被画物体之间放置一个假想的透明平面，物体上各关键点聚向视点的视线被该平面截取（即与该平面相交），并映现出二维的物体透视图，这一透明平面被称为画面。

视平面（HP）：视点、视线和视中线所在的平面为视平面。视平面始终垂直于画面；平视的视平面平行于基面；俯视、仰视的视平面倾斜或垂直于基面。

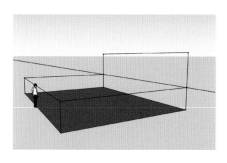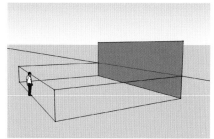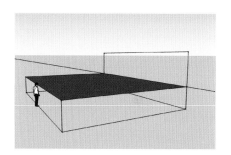

线

视平线（HL）：视平面与画面的交线。

基线 / 地平线（GL）：画面与基面 / 地面的交线。

视中线：视点引向正前方的视线为视中线（即从视点做画面的垂线，视点引向物体任何一点的直线为视线）。

真高线：在透视图中能反映物体空间真实高度的尺寸线。

变线：凡是与画面不平行（包括与画面垂直的线段）的直线均为变线，此类线段在视圈内有时会消失。

原线：凡是与画面平行的直线均为原线，此类线段在视圈内永不消失。原线按其与视平面（视平线）的垂直、平行和倾斜关系，分为垂直原线、平行原线和倾斜原线 3 种。

消失线 / 灭线：变线上各点与消失点连接形成的线段（物体变线的透视点是落在灭线上的）。

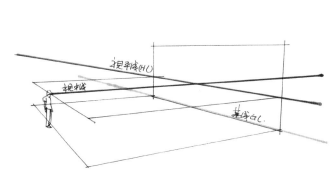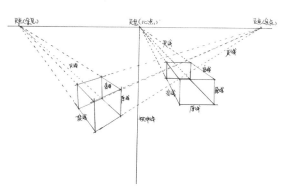

视点（E）：画者眼睛的位置。视点决定视平面；视平面始终垂直于画面。

心点（O）：视中线与画面的交点为心点。心点是视点在画面上的正投影，位于视域的正中点，是平行透视的消失点。

距点：在视平线上心点的两边，两者和心点的距离和画者与心点的距离相等，凡是与画面呈 45° 角的变线一定消失于距点。

余点：在心点的两边，与画面理任意角度 [除 45°（距点）和 90°（心点）] 的水平线段的消失点，它是成角透视的消失点。

天点：是近高远低、向上倾斜线段的消失点，在视平线上方的直立灭线上。

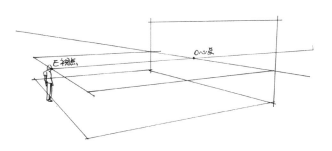

地点：是近高远低、向下倾斜线段的消失点，在视平线下方的直立灭线上。

消失点 / 灭点（VP）：与画面不平行的线段（线段之间相互平行）逐渐向远方延伸，最后消失在一个点（包括心点、距点、余点、天点和地点），这个点称为消失点 / 灭点。

测点（MP）：求透视图中物体尺度的测量点，也称量点。

距

视距：视点到画面的垂直距离。

视高（H）：视点至基面 / 地面的高度（也就是视平线和地平线的距离）。

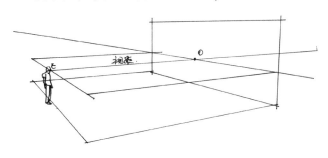
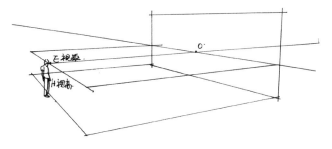

仰视图：视点偏低，视中线偏上。

俯视图：视点偏高，视中线偏下，便于表现比较大的室内空间和建筑群体，可采用一点、两点或三点透视法。

有关视域

可见视域与正常视域。

可见视域：两眼前视所能看到的空间范围。

水平视角（即在视中线左右两边的夹角）约为188°，左右眼覆盖视角各为156°，两眼共同覆盖视角为124°（156°+156°－188° = 124°）。

垂直视角（即在视中线上下两边的夹角）约为140°，两眼共同覆盖视域的中央视角为60°。

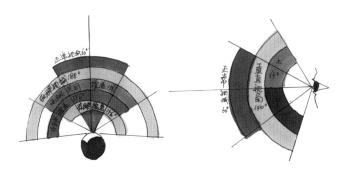

正常视域：在以视中线为轴线的60°圆锥视圈内［画视域的方法：先确定视点（E）和视中线（HL）；然后过 E 作 HL 的垂线，垂线与 HL 的交点为心点（O）；再过 E 点向 HL 画一条斜线，该斜线与垂线的夹角需为30°；然后在另一边作出一条与垂线夹角为30°的斜线；两条斜线与 HL 有交点，分别为 A 点、B 点；连接 A 点、B 点，以 AB 为直径画圆形，则得到视域］。

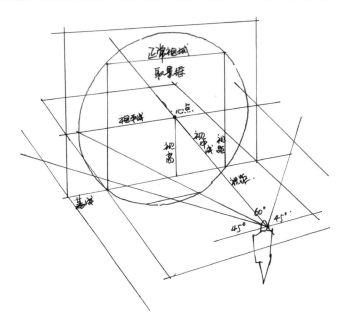

8.2 一点透视理论及表达

8.2.1 一点透视理论

如果所研究的立方体有一个面与透明的平面平行，即与画面平行，立方体和画面所构成的透视关系就叫"平行透视"（它只有一个消失点），也称为一点透视。

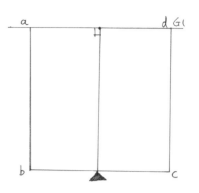

上面讲到只有一个消失点的透视为一点透视，从另一个方面阐述更为明了，即凡是人的视线方向与基线垂直的透视即为一点透视。由此我们可以总结出 3 点。

（1）在基面（GP）上任意一点平行于基线（GL）的线条与视线方向垂直，画出的透视均为平行线。

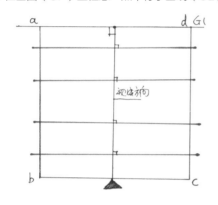
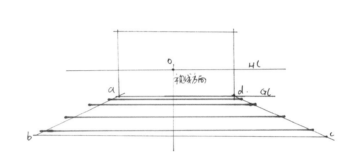

（2）在基面（GP）上任意一点平行于视线方向的线条与基线垂直，画出的透视均消失于灭点（O）。

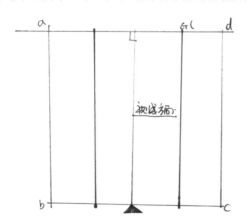
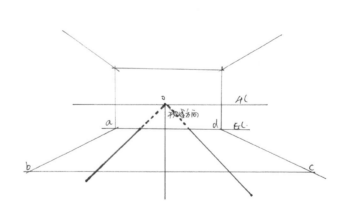

（3）三维空间中，凡是平行于基线（GL）上的任意平行线在透视图中均为平行线或平行于视线方向的线条任意线条均消失于灭点（O）。

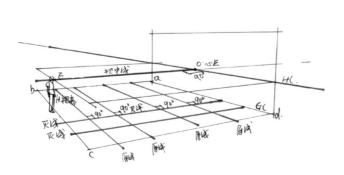
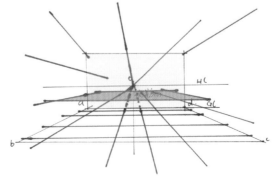

8.2.2 一点透视的表达

接下来用简单的正方体来讲述通过一点透视从二维平面推导出三维立体空间的过程。

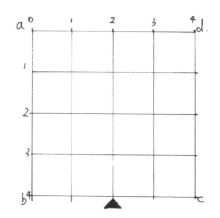

STEP 01 画出一个正方形 abcd，把正方形等分为 16 份，人的视线是从三角形所在位置往线段 ad 处看。

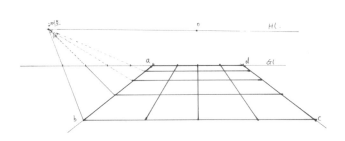

STEP 02 画出基线，在基线上定出线段 ad 的位置，把 ad 等分为 4 段。每个点均沿着消失点方向进行连线。以 a 为原点，在 a 点的基线反方向上，找出等分的 4 个点。在最后一个点上，找出与视平线上的 60° 夹角所得的交点，即量点。将量点与射线 a 上的每个点进行连接，将得到的每个点进行平移，所得平行线相交，得出的矩形 abcd 即为底图，也就是平面正方形 abcd 的透视模式。

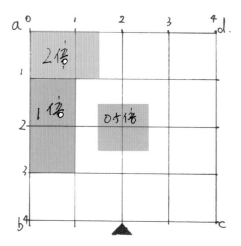

STEP 03 在已经分好的平面格子内画一些有高度的体块。以每个刻度为单位，体块内的数据为刻度单位的倍数。

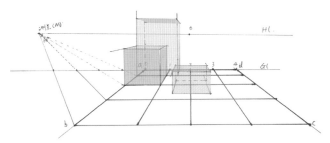

STEP 04 根据平面图所示高度，以基线为基本参考标准，找出高度，所得到的纵向线条均消失于消失点。

图中所有的纵向线条均消失于一个消失点，而且这个消失点位于视平线上。

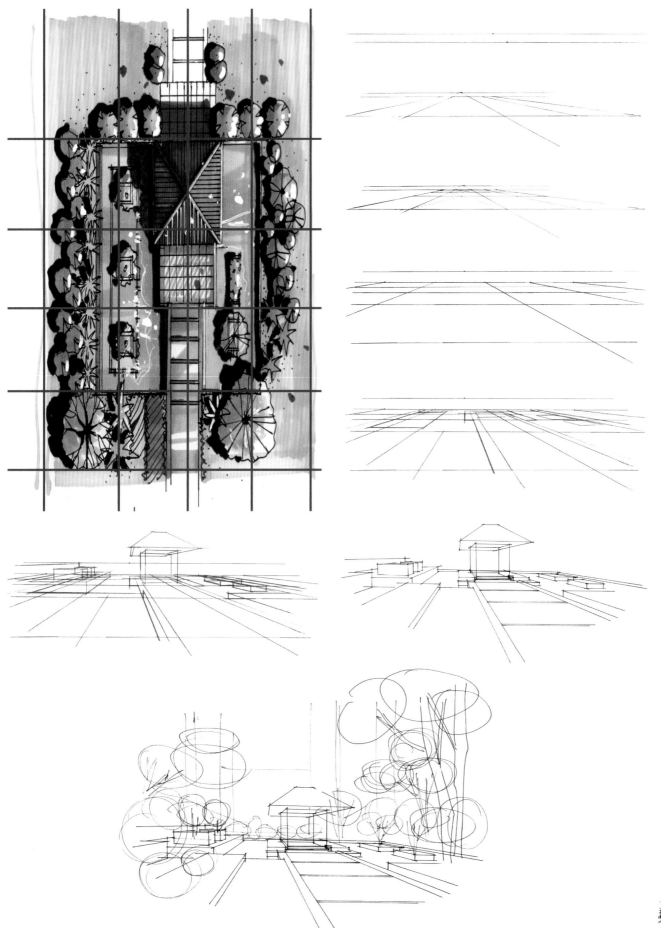

8.3 两点透视理论及表达

8.3.1 两点透视理论

画出一个4×4的正方形方格,箭头所指方向为人的视线方向,由此产生的是非直角的视觉空间,因此就得到了两点透视的空间效果。

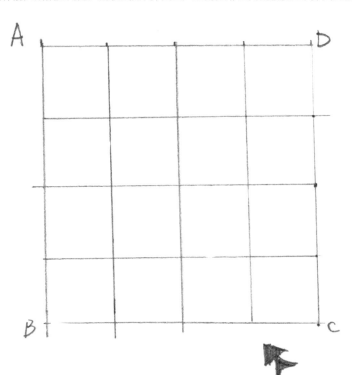

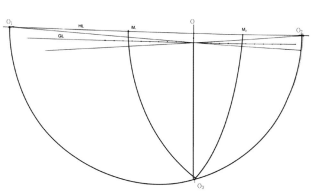

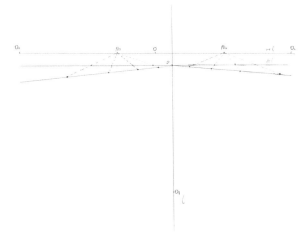

STEP 01 画出视平线，在视平线两端找出 O_1 和 O_2 两个端点，以 O_1、O_2 为端点画出终点 O，画出基线。

STEP 02 如平面图所示，我们相对 BC 线段从右往左看，因此有一条直线 L 以终点 O 为基点，将其向右进行偏移。如果我们是从左往右看，该直线以终点 O 为基点往左偏移。

以 O 为圆心，以 O、O_1 之间的距离为半径往下画弧线，弧线与直线 L 相交，得到 M 点。

以 O 为圆心，以 O、O_1 为半径，画弧线相交于直线 L 线，相交点为 O_3。

分别以 O_1、O_2 为圆心，以 O_1、O_3，O_2、O_3 为半径往上画弧线，弧线与视平线相交，得到 M_1、M_2，即两点透视的两个测点。

STEP 03 直线 L 与基线（GL）相交，得到交点，在其正半轴和负半轴做出同等单位的 4 个刻度。

STEP 04 将两个测点（M_1、M_2）分别与其所对应的各个刻度点连接，连线延长至所画出的射线，得到各个交点。

STEP 05 将得到的各个交点分别与 O_1、O_2 两个消失点相连，便可得到正方形格子的两点透视图。

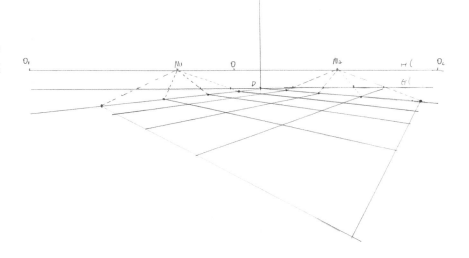

第 8 章 透视理论总述

在平面图中，画出不同颜色、不同高度的体块，就会得到下面右图中一些基本体块的关系。

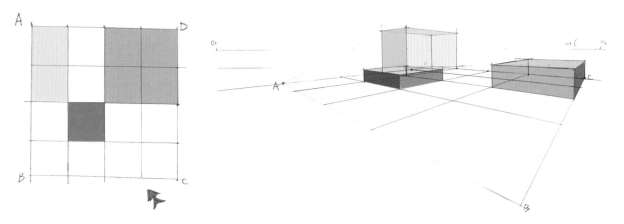

该图中所有横向线条均消失于 O_1、O_2 两个消失点，而且 O_1、O_2 均位于视平线（HL）上。

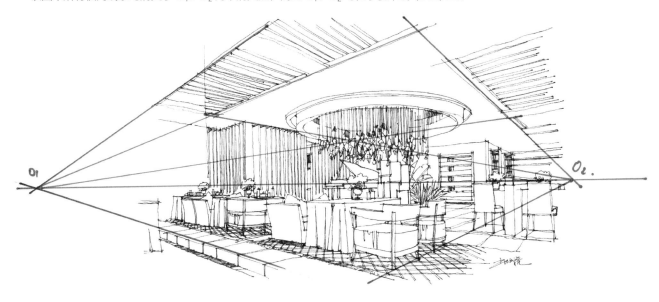

8.3.2　两点透视的尺规表现

如果按照透视原理来画图，过程会过于烦琐，但其中的原理是简化法的依据。接下来讲解简化法并将其运用到透视效果图中。

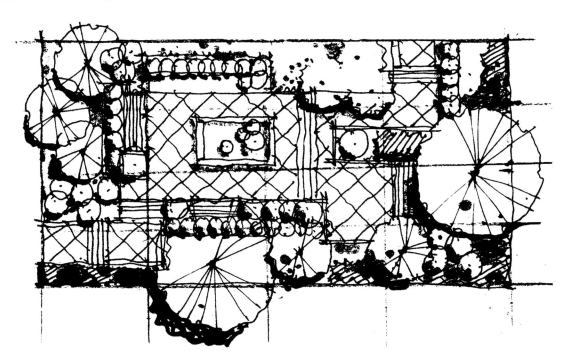

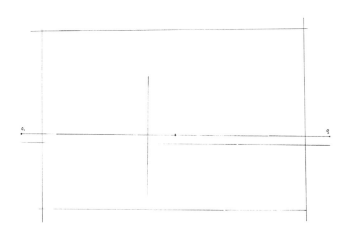

STEP 01 在两点透视效果图中同样要考虑构图，也同样会运用构图框来解决构图问题。构图框距离纸边大约 2.5cm。

STEP 02 在画面的 1/3~1/2 处，找出基线的位置并将其平行移动 1cm，在纸的边缘定好灭点的位置。找到中点并将中点往左边偏移（前面提到着重表现哪一侧的景观植物就往其相反的方向偏移）。

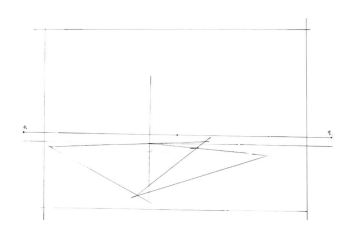

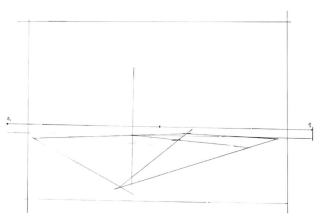

STEP 03 将 O_1 点与原点相连并反向延伸，将 O_2 点与原点相连并反向延伸，然后定出正方形。

STEP 04 因为我们所画的底图的比例为 1:2，所以要将该正方形进行延伸，得到 2 倍的比例关系。

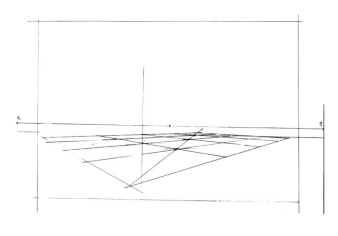

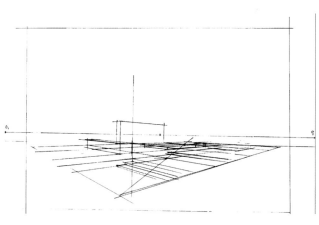

STEP 05 运用中位线原理将其进行 16 等分。

STEP 06 将设计平面图进行等分。

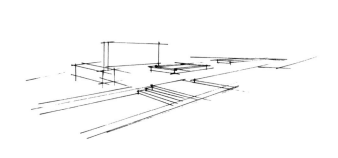

STEP 07 在对应的设计平面图中的构筑物处找出透视图中的位置，并找出对应的体块高度关系。

STEP 08 找出植物的对应位置（注意：为满足构图需要，可以将平面图中植物的位置进行适当地调整）。以画圈的形式给出植物的高度及前后位置关系。

作者：王成虎

STEP 09 刻画出铺装的细节，以及植物的疏密关系，完成效果图的绘制。

8.4 三点透视理论及表达

　　如图以 DE 为一个基本单位，点 F 为相机的基本视角，DF 的长度是 DE 长度的 2 倍，点 G 为人眼所看到的正常视角，DG 的长度为 DE 长度的 3 倍。

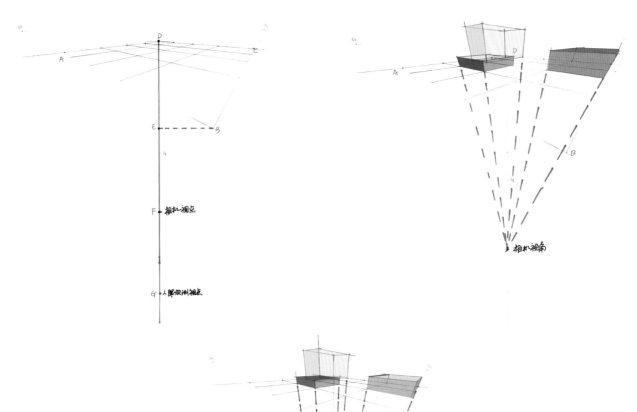

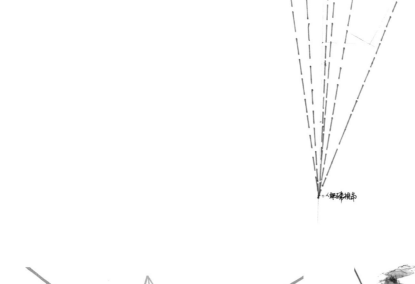

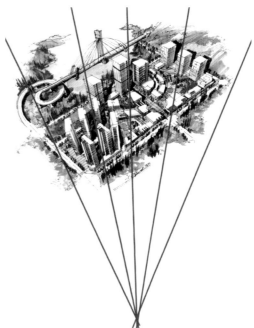

多点透视原理

多点透视其实就是多个一点透视，或多个两点透视，或将一点透视和两点透视相结合。如下面左图平面图中视点的位置，所形成的效果如下面右图所示，形成一个一点透视和一个两点透视（或多个两点透视），但消失点必须位于视平线（HL）上。

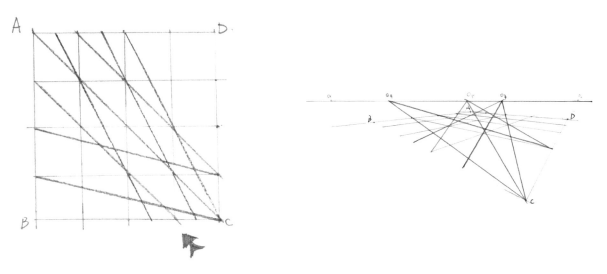

图中相同颜色的线条，在平面图上均为平行线。因此在所对应的透视图中，相对的平行线均在视平线上消失于一个消失点。

在实际的效果图中，若不遵循多点透视的原理，就会使空间的透视关系产生错误，如造成平行面变得有斜向坡度等问题。

第9章 人视图步骤解析

9.1 构图分析

9.2 马克笔步骤详解

9.1 构图分析

构图是完成一幅好的效果图的重要环节，也是作画的第一步。一幅好的作品必须要有好的构图为基础，才能让读者赏心悦目。构图是解决问题的最好办法。

构图就形式而言，有两种，一种是横构图，另一种是竖构图。两种构图都很常见，各有优势，但每一种构图，都各有讲究。下面我们阐述一下景观手绘效果图中常用的构图形式。

横构图的作品具有平稳、沉着等特点，特别是正三角形的构图。横构图在绘画过程中要注意以下几点。

要发挥好三角形构图的优势，做好三角形中 3 个点的定位，把所见物体灵活地安排在 3 个点上。有些人认为横构图很好把握，安排构图时非常随意，其实不然，3 点定位尤为重要，一旦定不好位置，就会出现画面一头重一头轻的不稳定效果。

另外，3 点之中最上方的点是主要物体摆放处，其他两点分别摆放第一次要物体与第二次要物体，其次是第三次物体，以此类推。物体摆放不能超过这 3 点给人的视觉效果。

大关系的处理。大关系是指物体与物体或背景的整体颜色之间相互作用形成的和谐关系。这种关系也为后面效果图的色调走向做了铺垫。在平常的创作或教学中，对大关系切不可忽视，一旦忽视了大关系的处理，一种完美、漂亮的颜色关系就有可能没有了。

竖构图具有纵深感强、有活力等特点。竖构图有利于表现垂直线特征明显的场景，往往使其显得高大、挺拔、庄严。在竖构图的手绘图中视线可以上下观看，可以把画面上、中、下各部分的内容联系起来。竖构图还有利于表现平远的事物，其基本的表现形式有"S"形。

9.1.1 视点

画面偏左，重心不稳

画面偏上，留白太多

画面居中，美感不足

构图饱满，大小合适

视点偏左：这一类效果图会使重心发生偏移，给人重心不稳的感觉。

视点偏上：这一类效果图对于初学者来说较难把握，因为视点抬高，使空间物体叠加相对较少，很难把握物体之间的前后关系。

视点居中：这一类的效果图过于呆板，缺乏灵活性与自由感。

第 9 章　人视图步骤解析

9.1.2　疏密和虚实

　　疏密对比是指画面中人、物的线、面组合排列的关系。它的运用与取舍密切相关，取则密，舍则疏，密则繁，疏则简。疏密来自取舍，对比则是取舍的依据。根据人物的动态与服饰特征而定，在大的疏密关系制约下，再注意到具体的疏密变化，"疏中有密，密中有疏"即是此意。

　　虚实既与疏密有关，也与轻重有关。疏密是线、面排列并置之远近，虚实则是线、面之有无。古人曰："大抵实处之妙，皆因虚处而生"。线、面的组织安排要看到空白处，即疏处，空白大小不一，疏密自然有变化。

　　轻重则是虚实的另一个对比概念，主要是指密处，即实处的具体变化。轻则虚，重则实，以轻托重，以虚衬实。可以表现形体结构的空间感。

9.1.3　大小

构图的大小关系在图面上的表现非常明显，一张好的构图能使画面增添活力。构图过大、过满会使画面过于压抑，不透气；画面过小会使画面过空，没有内容；构图偏低会使画面重心下沉，造成画面感失衡。总之一张好的画面构图，得大小得当。

构图太满

构图过小

构图过低

构图合适

2015 年春季班学员作品　作者：何林

9.1.4　色调

色调是指一幅作品色彩外观的基本倾向。在明度、纯度和色相这 3 个要素中，某种因素起主导作用，我们就称之为某种色调。一幅绘画作品虽然用了多种颜色，但总体会有一种倾向，如偏蓝或偏红，偏暖或偏冷等。这种颜色上的倾向就是一幅作品的色调。通常可以从色相、明度、冷暖和纯度 4 个方面来定义一幅作品的色调。

色调在冷暖方面分为暖色调与冷色调：红色、橙色、黄色为暖色调，象征着太阳、火焰；绿色、蓝色、黑色为冷色调，象征着森林、大海、蓝天；灰色、紫色、白色为中间色调。冷色调的亮度越高，其整体感觉越偏暖，暖色调的亮度越高，其整体感觉越偏冷。冷暖色调也只是相对而言，例如，红色系中，将大红与玫红相比，大红就是暖色，而玫红就被看作是冷色，又如，将玫红与紫罗兰色相比，玫红就是暖色。

画面常见的错误色调如下。

色调过灰：色调过灰的原因是明度、纯度不高，会使人感到空间过于压抑。

色调过冷：色调过冷在景观效果图中会让人感到光感不足，氛围感不够强烈。

色调过花：色调过花的原因是整幅画面缺乏主色，色彩冷暖倾向不足。

因此，在给画面着色时，应预先确定整个画面的色调。

色调过灰

色调过花

色调过冷

色调合适

9.2 马克笔步骤详解

9.2.1 案例一：水上观赏空间示例

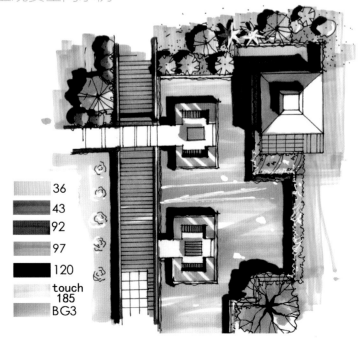

36
43
92
97
120
touch 185
BG3

STEP 01 用 BG3 号马克笔、BG5 号马克笔画出水体的重色部分。

第 9 章 人视图步骤解析

STEP 02 分清植物的冷暖色,前景的颜色一般为深绿色。

STEP 03 铺出其他空间材质的基本固有色，使画面更为整体，保证画面中的每个材质中尽量少出现留白部分。

	36
	43
	48
	49
	52
	59
	67
	76
	92
	97
	103
	BG3

STEP 04 深入刻画细节，交代植物、人物在空间中的阴影关系。提出水体亮面，使画面更为生动。

	48
	51
	104
	76

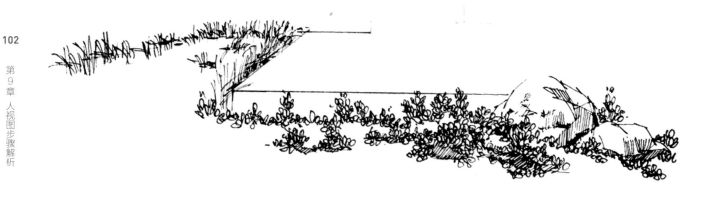

STEP 01 画出地面中心的水体框架及前景的植被，沿着一点透视的方向消失。

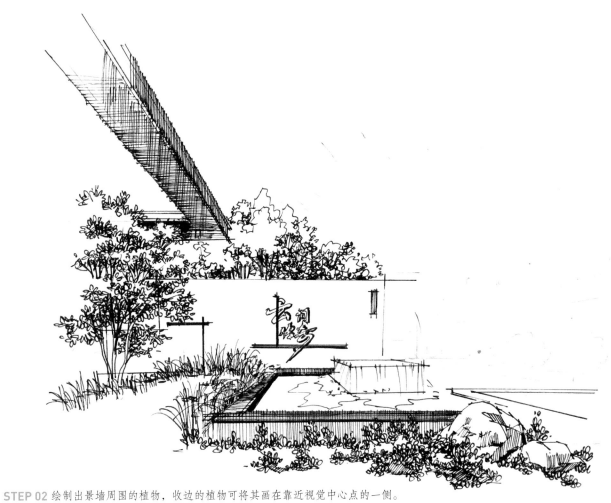

STEP 02 绘制出景墙周围的植物，收边的植物可将其画在靠近视觉中心点的一侧。

STEP 03 局部调整画面细节，突出表现景墙与周围环境的关系，突出重点和视觉焦点。

STEP 04 刻画远景，要注意空间近实远虚的基本关系。

STEP 05 用 185 号马克笔画出水体的基本固有色并渲染出天空。

STEP 06 用 59 号马克笔渲染出前景草地的颜色以及局部绿色植物的基本固有色，用 34 号马克笔刻画出暖黄色的植物。

STEP 07 用 47 号马克笔和 43 号马克笔逐渐深入刻画绿色植物，用 96 号马克笔和 WG3 号马克笔强调暖黄色植物的暗面部分，用 77 号马克笔表现景墙的光影，注意虚实关系。

WG1
WG3
WG5
touch 185
59
67
77
92
104
34
46
47
48
51

STEP 08 中景植物用 52 号绿色马克笔刻画，用马克笔 120 号深黑色马克笔或 CG7 号马克笔强调植物缝隙或阴影部分的重色，使画面的黑、白、灰拉得更开一些。检查画面效果，强调视觉中心点。最后用涂改液及提白笔强调植物的受光面和水面的纹路。

9.2.3　案例三：小区中心景观亭示例

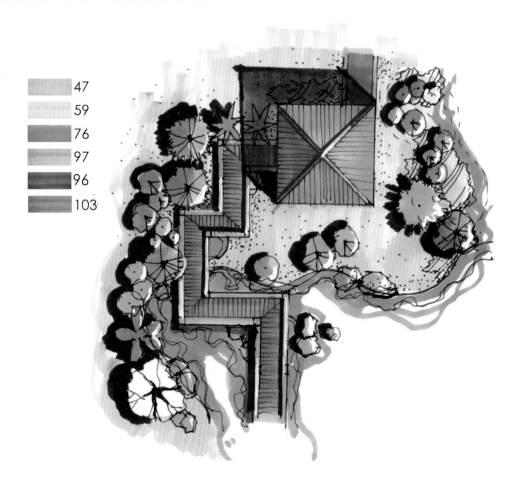

47
59
76
97
96
103

第 9 章　人视图步骤解析

STEP 01 这是一张两点透视的空间效果图，在视平线上定出两个消失点的位置，把空间的大体框架用铅笔稿定义出来。

STEP 02 铅笔稿完成后，从前往后绘制出各类型的空间细节，把握好视觉中心点的主次和疏密关系。

STEP 03 为上色做准备，用120号马克笔把植物、水体的暗部以及其他的投影部分叠加出重色。

第9章 人视图步骤解析

STEP 04 用49号马克笔涂出对应的绿色植物，用48号马克笔涂出暖绿色的植物，用59号马克笔适当做出叠加，使画面颜色更丰富。

STEP 05 在 49 号马克笔的基础上用 59 号马克笔适当地叠加出更翠绿的植物颜色。

STEP 06 运用相对较深的黄颜色，如 3 号马克笔，画出黄色植物的重色，用 67 号马克笔涂出水体的固有色。

	34
	48
	49
	59
	67
	76
	96

STEP 07 深入细化与调整，用 76 号马克笔深入强化远景植物。由于 76 号马克笔相对于 59 号马克笔来说颜色更冷，所以叠加起来会比前景植物偏冷，这样的对比会使空间关系拉得更开一些。

另一个视角

第 9 章　人视图步骤解析

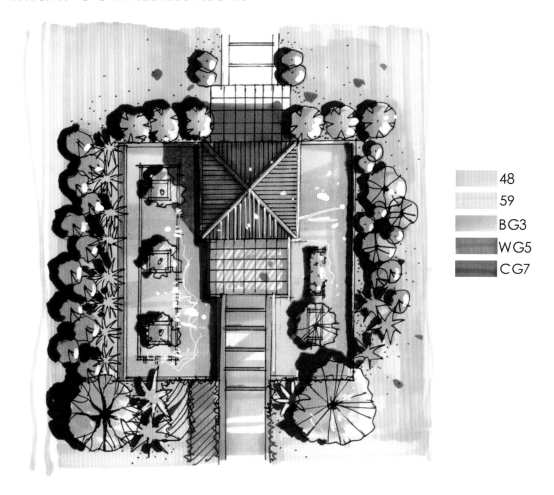

下面这幅图是画成品效果图之前所画的草图。该草图用时短，空间关系拉开即可，主要强调空间结构、景观构筑物等，着重表达空间的尺寸关系以及进深关系，其他植物的细节均可忽略。这类型的方案草图，大家可以进行大量练习。

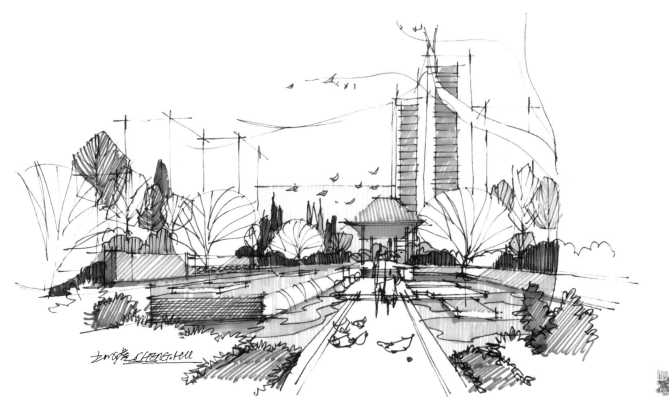

STEP 01 这幅示例着重强调色彩的统一性，因此只用一支 59 号马克笔就可以基本涂出所有空间中的植物颜色。

第 9 章 人视图步骤解析

STEP 02 但只用一个颜色会使画面略显单调，因此必须要做出色彩的叠加。前景植物的颜色叠加运用了 48 号马克笔、49 号马克笔以及 47 马克笔，中景的植物的颜色叠加以 47 号马克笔和 76 号马克笔为主，远景则可运用 52 号马克笔和 43 号马克笔进行加深和加冷变化。水景用的是 BG1 号马克笔，通过不同的运笔得出相对深浅有变化的水体层次。

■	76
	BG1
	BG3
■	43
	47
	48
	49
■	52
	59

STEP 03 最后一步强调水体中水花的一些细节，还有阴影、树干的一些细节。

9.2.5 案例五：别墅私密空间表现示例

勾勒出空间框架的大体轮廓，注意好透视关系。

深入刻画细节，添加配景，包括植物、远景山体、前景沙发与茶几等的细节，用黑色马克笔加深投影，使画面主次效果明显。

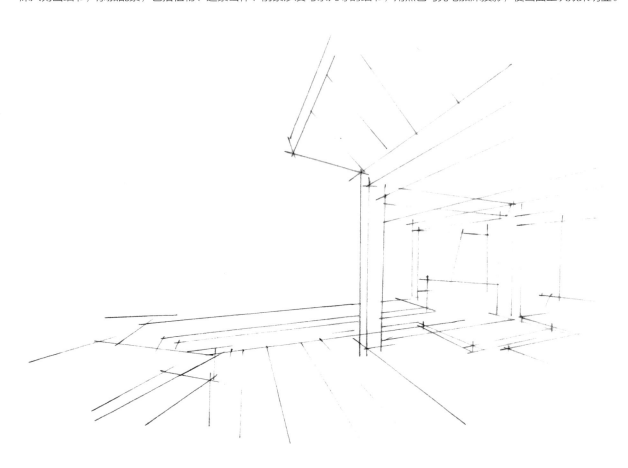

第 9 章 人视图步骤解析

从视觉中心点开始，用97号马克笔画出木质地板材质的固有色，用67号和58号马克笔画出水体的基本颜色。在这里需要注意一下，由于笔者的失误，在画木材材质时不小心画到了水体上，其实像这类型的失误在实际的绘制中会经常遇到，于是我将错就错把它进行一下调整和改动，在这里我把它改成了一个花坛。

用59号马克笔铺出植物的基本固有色，用48号马克笔铺出山体及草坪的固有色。为了区分与地面木质材质颜色的不同，在建筑顶部木质材质的刻画上我用了101号、WG3号和WG5号马克笔。

深入刻画，加强细节及重色，刻画出投影及其他木质、布艺的细致表现，渲染天空。

	48
	59
	67
	97
	101
	WG3
	WG5

touch
185

STEP 01 用彩铅交代出植物的冷暖色。

STEP 02 用彩铅大致铺出木栈道的基本固有色，用 59 号马克笔轻轻地平涂出绿篱的固有色，拉开植物与植物之间的色调。

STEP 03 用相应颜色的马克笔画出植物的暖色及冷色部分，使画面更为整体。

	43
	46
	47
	48
	59
	62
	76
	92
	97
	101
	104
	GG3
	GG5
	BG5

STEP 04 强调木栈道的光影关系，拉开空间的前景、中景和远景。先用浅蓝色马克笔平涂出天空的基本固有色，再用彩铅扫出天空的基本纹理。

STEP 01 用 48 号马克笔画出植物的基本固有色，注意力度不同得到的层次也不一样。

STEP 02 强调颜色相对较重的植物，用 104 号、97 号和 WG7 号马克笔画出墙体及铺装的变化。

STEP 03 从上往下进行扫笔，铺出天空的基本颜色，用 77 号马克笔强调墙体的暗面部分。

	47
	48
	59
	67
	77
	92
	104
	BG3
	WG3
	BG5
	WG5

STEP 04 深入刻画细节，拉开画面的黑、白、灰基本关系。该图为黄色和紫色的对比，用 77 号马克笔在暗部上进行覆盖，使暗面有色彩倾向。

STEP 01 用相对应的颜色以平涂的方式画出整个空间的基本固有色。

STEP 02 继续完善空间，加深、加强明暗。

	36
	77
	WG1
	WG2
	WG3
	WG5
	WG7
	BG3
	BG5

STEP 03 在视觉中心点处继续加深画面的黑、白、灰关系，最后可以用提白笔和涂改液提出一些画面的细节。

9.2.9 中心景观水景计算机上色表现示例

STEP 01 渲染天空，注意好天空颜色的色调变化。

STEP 02 大致渲染出远景中的植物、建筑以及收边植物的色调。

第 9 章　人视图步骤解析

STEP 03 铺出景观节点中各材质的基本固有色，以及前景铺装的基本色调。

STEP 04 计算机上色有别于传统意义上的着色，因计算机上色有极其强的覆盖能力，所以一般从远景往近景进行着色，这样可以逐渐地进行色彩叠加。把远景所铺的色调换笔刷进行详细刻画。

STEP 05 逐渐强化出视觉中心点的明暗调子及细节，注意整个色彩关系的把控，使画面颜色既突出又和谐。

STEP 06 逐渐往中景及前景处进行细致刻画，在刻画的时候要保持整个画面色调的统一性。

第
9
章
人
视
图
步
骤
解
析

第10章

鸟瞰图步骤解析

10.1 鸟瞰图基本原理

10.2 鸟瞰图马克笔步骤详解

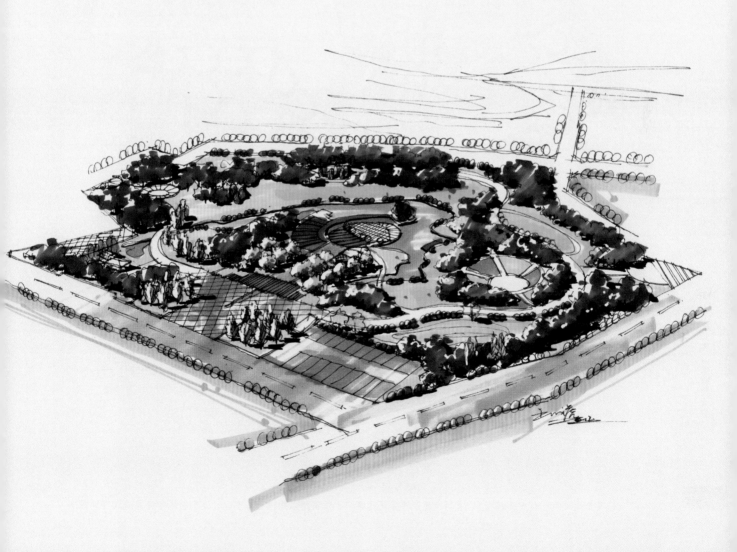

10.1　鸟瞰图基本原理

　　鸟瞰图是视点高于建筑物的透视图，多用于表达某一区域的建筑群或园林总平面的规划，通常采用网格法来绘制。鸟瞰图看似复杂实则简单，因为它更注重方案的整体效果，所以相对于人视效果图来说它少了很多细节，故在刻画环节就会变得简单，而鸟瞰图的难点在于对整体透视关系的把握。

10.2　鸟瞰图马克笔步骤详解

10.2.1　案例一：小区入口景观鸟瞰图表现

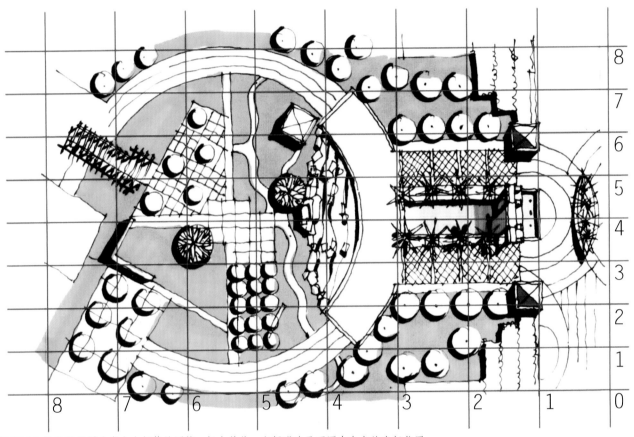

STEP 01 把平面图划分成大小相等的网格，标上数值，方便明确平面图中各点的坐标位置。

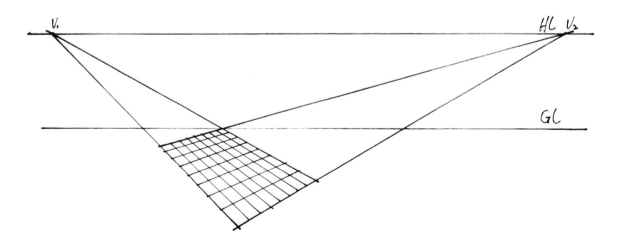

STEP 02 一般鸟瞰图采用两点透视的居多，按两点透视原理画出整个平面图形，并按透视中近大远小的原则将其分成坐标网格。

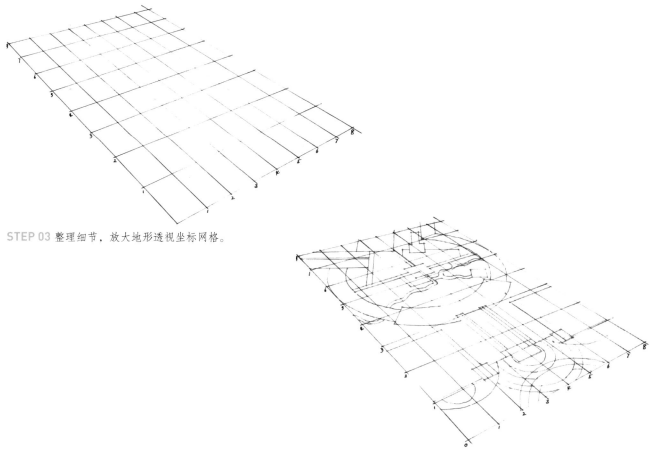

STEP 03 整理细节，放大地形透视坐标网格。

STEP 04 按平面图中各物体的坐标位置，在透视坐标网格中找到相对应的地面位置。

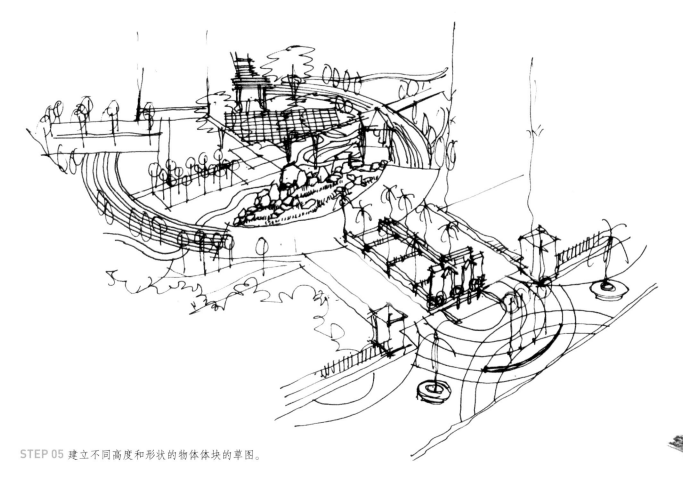

STEP 05 建立不同高度和形状的物体体块的草图。

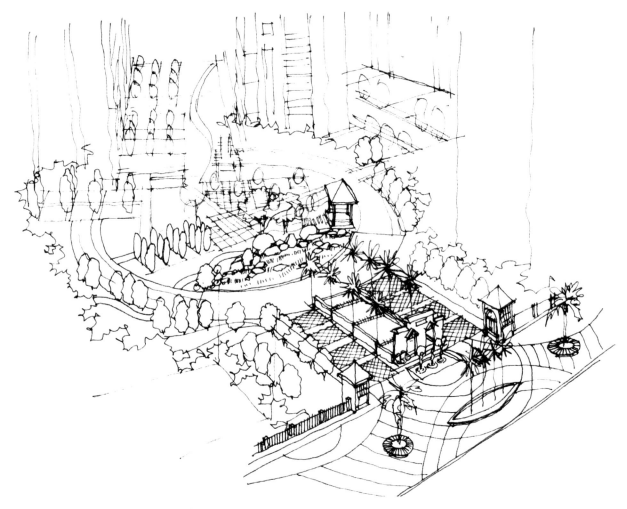

STEP 06 在体块草图的基础上，细化细节。

10.2.2　案例二：公园景观整体鸟瞰表现

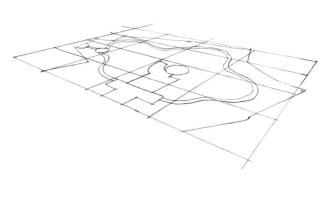

STEP 01 把平面图划分成大小相等的网格。　　　　　　　　**STEP 02** 画出透视坐标网格，定出一级园路、出入口和水体。

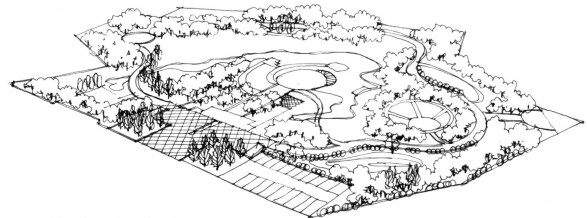

STEP 03 画出植物、地面铺装和水体的形状。

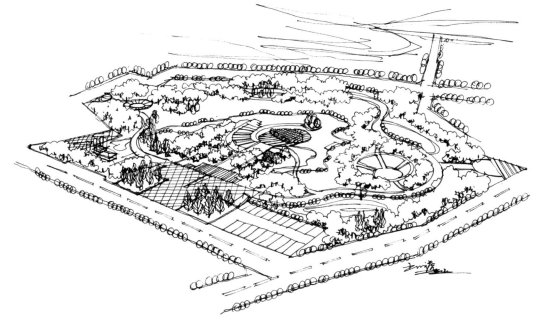

STEP 04 细化周边场景，画出远景山体或建筑，营造氛围。

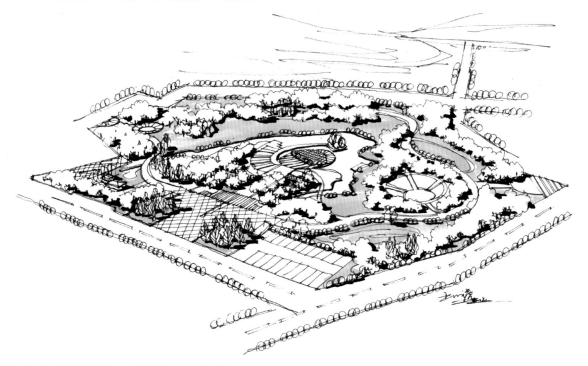

STEP 05 画出物体的阴影重色，对草坪进行大面积铺色。

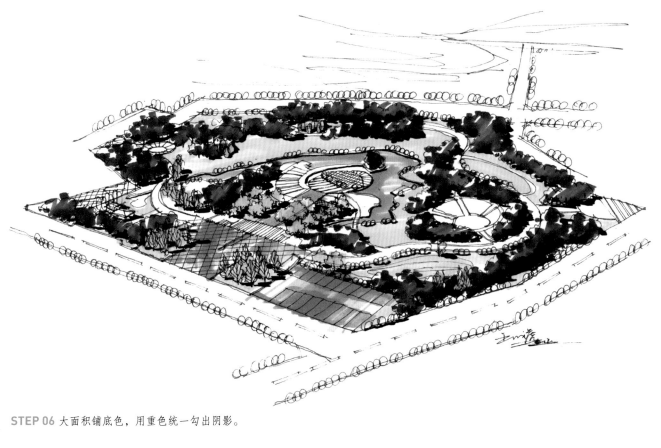

STEP 06 大面积铺底色，用重色统一勾出阴影。

	36
	43
	48
	59
	76
	84
	96
	WG3
	WG5
	CG3

STEP 07 细化各层次，完成画面。

第 11 章 快题概论

11.1 基础概念

风景园林（Landscape architecture）：风景园林学是一门对土地进行规划、设计和管理的艺术，它合理地安排自然和人工因素，借助于科学知识和文化素养，本着对自然资源保护和管理的原则，最终创造出对人有益、使人愉快的美好环境。

风景园林学是人居环境科学的3大支柱之一，是一门建立在广泛的自然科学和人文艺术学科基础上的应用学科；其核心是协调人与自然的关系；其特点是综合性非常强，涉及规划设计、园林植物、工程学、环境生态、文化艺术、地学和社会学等多学科的交会综合；担负着推动自然环境和人工环境的建设与发展、提高人类生活质量的重任。

11.2 景观快题

11.2.1 景观快题的特点

景观快题最鲜明的特点就是时间紧、任务大、强度高。

一般快题的提交成果包括分析图（一般2~5个），总平面图，立面图或者剖面图（一般1~2个），鸟瞰图，局部效果图，植物配置图，节点放大图，景观建筑（小品）的平面图、立面图、剖面图及效果图，设计说明，技术经济指标等。具体的成果要求要根据报考院校或单位的历年真题要求有针对性地练习。

例如，某高校2012年风景园林快题考试的成果要求有分析图，总平面图（1:500），立面图或者剖面图，滨海木栈道效果图（不小于A4纸大小），服务性建筑的平面图、立面图、剖面图（平、立、剖比例为1:200~1:300）及效果图（不小于A4纸大小），设计说明，技术经济指标。如何在3~6小时内很好地表达出全部的要求成果是对应试者的专业知识、手绘能力、体力、耐力和心理素质的考查，所以考试的整个过程中，心态要平稳、戒骄戒躁；在平时，每月要有规划，每天要有切合自己实际的计划，一步步稳扎稳打，日积月累，终会有所收获。

快题考试试题的主要来源是对真实项目的改造，一般是由对项目的地形或项目中的一部分地形改造变化而来。例如，某高校某一年的题目如下。

高新科技园位于城市光谷开发新区的东侧，周围是该市正在建设的面积达到200平方公里，高新技术产业规模将达到1500亿元的科技新城。这里选择光谷开发新区信息产业科技园内的一个休闲空间环境作为快题设计考试的题目，要求考生在所给的用地范围内，设计一个有信息产业科技特色的休闲空间环境。

光谷开发区是武汉市的一个国家级经济开发区，此次就选取了开发区中的一块待开发用地作为考题进行考查。

快题题目由考生所报考院校的老师进行命题。目前快题考试的时间一般有6小时和3小时之分，超过3小时（不包括3个小时）的考试一般安排在硕士研究生考试的第3天进行。

对考生而言，要尽可能多地搜集报考院校的历年真题，甚至是和报考院校在出题上（如场地面积、类型等）相似的院校的真题，分析报考院校真题的设计面积范围，总结历年真题的成果要求及历年真题在提交成果的要求上的变化，特别对近几年的真题要强化练习。从而对各个部分的时间安排做到心中有数，避免考试时手忙脚乱，无所适从。

11.2.2 景观快题的类型

在景观快题的命题类型上，主要有居住区（小区）绿地、校园绿地、公园绿地、城市广场绿地、商业中心绿地、工业绿地和其他类绿地等。

景观快题的场地设计面积从几百平方米到几十万平方米不等。但大面积的绿地系统规划、风景区和旅游区等的规划设计由于周期较长、需要的基础资料较多，一般不作为硕士研究生入学快题考试考查的类型。下面列举几种不同类别院校的快题方案。

建工类院校快题

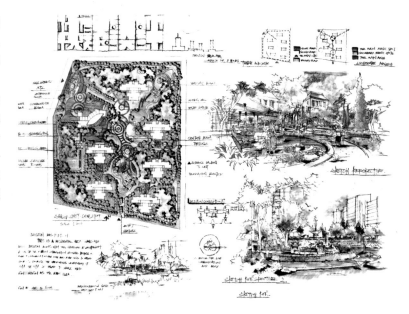

农林类院校快题

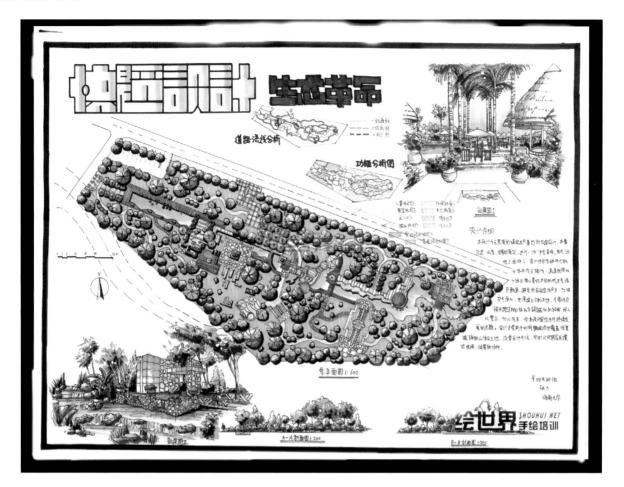

环艺类院校快题

11.2.3　景观快题的题目要求

一些报考院校对每一项提交成果都有固定的分值要求，举例如下。

某高校 2013 年快题考试大纲各部分内容的考查比例（满分为 150 分）。

（1）总平面设计图（1:500~1:1000），占 90 分；

（2）重点景区（点）园林（建筑）小品平面图、立面图，占 15 分；

（3）局部透视及鸟瞰图，占 10 分；

（4）地形、地貌的利用与竖向设计（重要节点的标高设计），占 10 分；

（5）植物景观设计，占 15 分；

（6）技术经济指标及简要说明，占 10 分。

但评卷老师在实际阅卷时，并不会严格按照上述的分值要求一一去对应，然后给出成绩。而是根据自己的专业背景、教学经验和项目实践经验，比较考生试卷的整体情况后，把其分为几个档次。如满分 150 分的快题，10 分的一个档次，90~100、100~110、110~120、120~130、130~140、140~150 的各为一个档次，不及格的归为一个档次，然后再在各个档次里针对每套快题的问题实行倒扣分的方法，如考生在试卷中因指北针、比例尺、效果图未画或者技术经济指标错误等，会被扣去一定的分数。所以在平时训练的时候一定要把这些基础性的东西都表现出来，表达成果一定要完整。

11.2.4　景观快题的评分标准

对多数考生来讲，在 3~6 小时内完成一套非常有新意的快题是有一定难度的，所以稳妥的方法是根据自己平时训练的方法以自己擅长的方式去设计；平时练习时，要不断改进、改正，力争少犯错误；不要在考试时过于刻意地追求方案的新奇，工夫在平时，否则可能事与愿违。

那怎样的快题才算一套好的快题呢？

（1）表达成果完整。试卷要求的每一项内容都要完成，特别是占纸幅比较大的，如鸟瞰图。表达成果不完整的快题能否及格都是问题，更不用谈得高分了！

（2）排版合理、丰满，画面整体效果优美。排版合理，忌讳太空，颜色搭配要合理。好的快题是在平面图、效果图等各个部分都出色的情况下，整体上又有合理的布局。快题给阅卷者的第一印象很重要，画面感好的快题很容易脱颖而出，被阅卷者看中。

（3）平面方案好，鸟瞰图、效果图漂亮。一套快题很大程度上是对平面图的解读，鸟瞰图、效果图、分析图、节点放大图、建筑小品设计、设计说明等都是对平面图的解释说明。所以，方案的构思很重要。

（4）景观建筑（小品）、植物配置等表达良好。建筑（小品）要进行专项练习，植物配置的重要功能是围合、划分空间，要注重乔木、灌木和草地的结合，考虑植物的林冠线设计，营造出优美的林冠线和天际线。

（5）无明显硬伤。如比例尺错误、尺寸明显错误，场地出入口设置不合理，摒弃了场地中需要保留的文物古迹、古树名木等都是快题设计中要避免的问题。

第 12 章

快题表现

快题考试通常要求考生在几个小时内做出一套方案，通常包括总平面图、立面图、剖面图、鸟瞰图、透视图和各类分析图，甚至还要求有铺装或植物配置的节点放大图等。因此，熟练掌握操作步骤能够争取到充足的考试时间，达到事半功倍的效果。

本章将从图纸要求及命名、设计说明和地块规模等方面对快题步骤进行详细讲解，帮助考生理清思路。

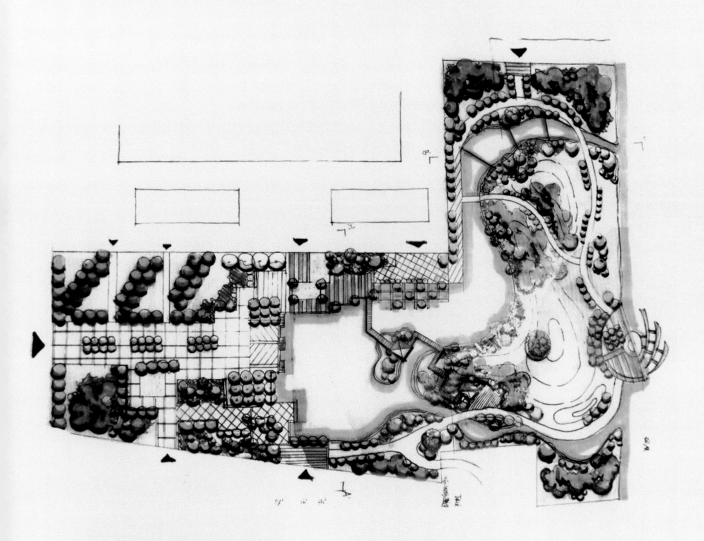

12.1 总平面图概述

总平面图的绘制原则

绘制总平面图时应该清晰明了，突出设计意图，具体要注意以下几个方面。

（1）恰当的比例是总平面图的基本原则

所选图例不仅要美观，还要简洁，以便于绘制，其形状、线宽、颜色以及明暗关系都应有合理地安排。

在设计和表现时，如果采用不当的图示虽然未必会影响总体功能布局和景观的合理，但其在专业人士看来是非常刺眼的，会影响他对图纸的第一印象。

（2）图底关系明确，表达清晰

平面图相当于从空中俯瞰场地，除了通过线宽、颜色和明暗来区分主从外，还可在表现中通过用上层元素遮挡下层元素以及阴影来增加平面图的立体感和层次感。

画阴影时要注意图上的阴影方向要一致。阴影一般采用 45°角，北半球的物体阴影朝上（图纸一般是上北下南）是合乎常理的，但是从人的视觉习惯来看，阴影在图像的下面会让物体显得更有立体感，所以在一些书刊上出现的阴影在下（南面）的情况并非作者粗心马虎，而是为了取得更好的视觉效果。

一般来说，中小尺度的场地，尤其是景观节点平面，增加阴影可以清楚地表达出场地的三维空间特点，寥寥几笔阴影，用时不多，效果却很明显。有些初学者对于阴影的画法很不重视，绘制过程中除了有阴影方向不统一的问题，在绘制稍微复杂形体时还可能出现明显的错误，但实际上通过几次集中的练习，即使是较复杂的硬质构筑物的平面阴影也是很容易绘制出来的，所以一定要认识到阴影的重要性并勤加练习。

（3）主次分明，疏密得当

图中重要场地和元素的绘制要相对细致，而一般元素则用简明的方式绘制，以烘托重点并节约时间。有的学生树例画得非常细致，单株效果很好，但是耗时太久，而且容易削弱图面的整体效果。一般来说，总平面图上能区分出乔灌木、常绿落叶即可，只有专项的种植设计需要详细绘制，甚至需要具体到树种。对于快题考试而言，重在考查整体构思，大多不必详细标出树种名，所以图上宜以颜色变化为主，辅以不同轮廓、尺度来区分不同的树木，对少数孤植树重点绘制即可。

（4）内容完善，没有漏项

指北针、比例尺和图例说明一定不能忘记，要注意一般图纸都是以上方为北，即使倾斜也不宜超过 45°。指北针应该选择简洁美观的图例，有些考生认为采用某些学校惯用的指北针形式会博得阅卷老师的认同感，笔者认为大可不必。此外，在不知道当地风玫瑰的情况下，不要随便画上风玫瑰，严谨的设计师和阅卷老师会对这种画蛇添足的做法很反感。

比例尺有数字比例尺和图形比例尺两种，图形比例尺的优点在于图纸扩印或缩印时能与原图一起缩放，便于量算，一般在整比例（如1:100、1:200 等）的图纸下面最好再标上数字比例尺，便于读图者在查验尺度时进行转换。数字比例尺一般标在图名后面，图形比例尺一般标在指北针下方或者结合指北针来画。

上述问题都是表现中的基本问题，但正是这些基本问题可能会影响设计过程是否顺畅、设计成果是否规范，也影响阅卷老师对考生的印象。

总平面图是所有图纸中最重要的图纸，在某些高校的试卷中甚至明确写着总平面图占到总分的 90 分等字样，这不仅由于总平面图是其他所有图纸的母图与基础，也由于总平面图是大部分场地信息的反映与集合，在实际项目中显得尤为突出。在老师阅卷的过程中，总平面图的好坏直接决定了该卷的档期走向，这不仅是由一个好的总平面图表现决定的，更是由一个好的方案决定的。下面我们将总平面图在快题中的画法进行集中讲解，按照不同的面积，可以将总平面图分为 2 类，大地块与小地块，以10000m² 为界，两类地块在快题中的切入点与表现方法差异较大。考生按照下面的快题思路与绘制顺序加以训练并举一反三可起到事半功倍的效果。

12.2 大地块总平面图设计

大地块总平面图设计是近年来建工类院校考研快题的主流题型，因为建工类院校的景观专业往往由城市规划专业发展而来，景观设计往往由风景区规划演变而成，基于这种发展背景，考试中地块的面积不会太小，往往在 10000m² 以上。考试比较注重考查学生的宏观规划能力，具体体现在对路网结构、景观结构和空间关系等方面的把握能力，所以学生在考试中宜从规划的思维角度去进行分析与绘制。

12.2.1 分析周边地块的用地性质与环境

（1）考试时对周边环境的解读对考生而言极为关键，这是非常重要的一步，直接关系到后面的整体构图。考试时考方为防止考生硬性背题，套用方案，会在周边设置不同用地性质的场地进行限制。下面按照城市用地的分类标准对周边环境进行剖析：周边用地类型一般为公共管理与公共服务用地、商业与服务业设施用地、居住用地和绿地与广场用地，就是我们常说的行政办公用地、商业用地、居住区用地和绿地。

（2）在选择场地的主入口时，有这样一个原则，行政办公用地优于商业用地优于居住区用地优于绿地。行政办公用地类似用地有广场用地、文化设施用地、教育科研用地、体育用地、医疗卫生用地、社会福利设施用地、文物古迹用地、外事用地和宗教设施用地，如果出现这类用地，行政办公用地，这些用地的先后顺序以刚刚列举的顺序以及用地面积为准；商业用地类似用地有商务用地、娱乐康体用地等用地类型。

（3）如果出现工业用地，将其等同于商业用地，但要后于商业用地。如果出现仓储用地，则要后于居住用地。

（4）行政办公用地前的主入口一般为规则式入口，以对称中轴线通往基地深处，同时左右对称布有大量停车位；商业用地类主入口往往有大面积铺装与大量停车位。

12.2.2　分析周边道路等级

（1）周边道路等级也是影响主入口选择的重要因素，一般主入口设在主干道旁，但如果主干道是国道、省道或县道，则要慎重考虑，因为疾行的车辆往往会对主入口的人流造成安全威胁。

（2）周边道路要绘制中心线，用点画线表示，点画线交界处不能是点对点。

（3）基地与道路间要留 5m 的人行道空间，也就是说基地边缘是双线，间隔是 5m。

12.2.3　确定主入口位置

（1）根据上面所述内容我们便确定了主入口的位置，主入口往往设在行政区或商业区对面，并且旁边是主干道的位置。

（2）主入口大致分为两种类型，硬质铺装型或者生态绿化型，具体要根据题目与需要来决定。

（3）主入口的面积一般为场地总面积的 1/12~1/9，场地越小主入口比重越大。主入口面积若小于场地的面积的 1/15，则很难在总平面图中被识别。

（4）用一条中轴线连接主入口与主广场，这样的中轴线往往设计得比较醒目、清晰，这样可以使整个场地的布局显得不混乱，也是考生比较容易掌握，同时在快题绘制中又比较有效率的一种方式。

（5）中轴线可以是等宽的，也可以是某一端膨大的，还可以是中间膨大整体呈梭形的，另外，也可以将其与主广场或主入口结合，让其作为主入口或主广场的一部分。

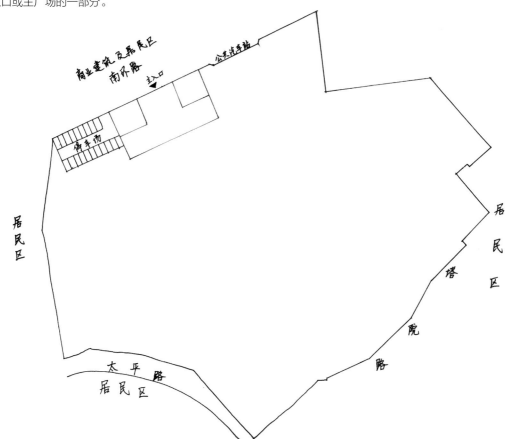

12.2.4　确定主广场位置

（1）确定主入口的位置后则要确定主广场的位置，主广场一般位于场地中心且远离主入口的一侧或者位于场地的重心位置，往往居于场地腹地。

（2）主入口的面积一般为场地的1/9~1/6，场地越小主广场概念越模糊。若主广场面积小于场地的1/12，则很难在总平面图中被识别。

12.2.5　确定次入口

（1）次入口原则上每边一个，但是也要视实际情况而定，一般长度少于100m则只设一个次入口，若大于200m则可设两个次入口。

（2）两个次入口间距离以大于70m为宜，主入口与次入口之间以大于100m为宜。同时，要保证场地中各个出入口的布局是均衡稳定的。

（3）若场地对面为道路或道路出入口，则本场地最好也设次入口，有路的要相应开路，形成十字路网而不是丁字路口，这样也符合城市规划的相关准则。

（4）10000~40000m² 次入口数量为1~2个，40000~90000m² 次入口数量为2~3个，90000~160000m² 次入口数量为3~4个。

（5）次入口面积不宜大于主入口面积，占总场地面积的1/18即可，次入口面积可大小不一，以免显得图面较为呆板。

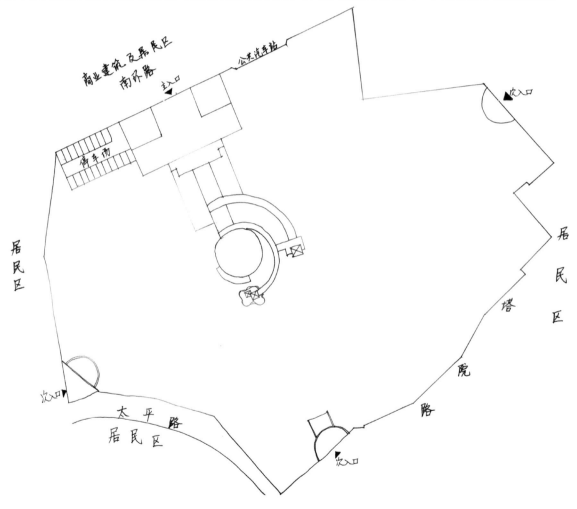

12.2.6　确定水体

（1）由于场地面积较大，考虑到工程造价等经济因素，一般设计自然式水体。水体的形状要收放有致，做到粗可看海，细可断流的程度。

（2）自然式水体一般绘制3条线，从外到内依次为丰水期线、常水位线和枯水期线，常水位线要加粗。3条线的间距要收放有致，让图面显得灵动，不呆板。一般缓坡草地处3条线的间距要大一些，若水体边为硬质护坡则绘成1条线。

（3）根据公园设计规范，离水边5m处水深不得超过0.5m，原则上水最深处要满足场地的土方平衡，一般不超过2.5m。

（4）好的自然式水体对整个场地具有重要的提升作用。下图所示中的水体形状是比较推荐使用的。

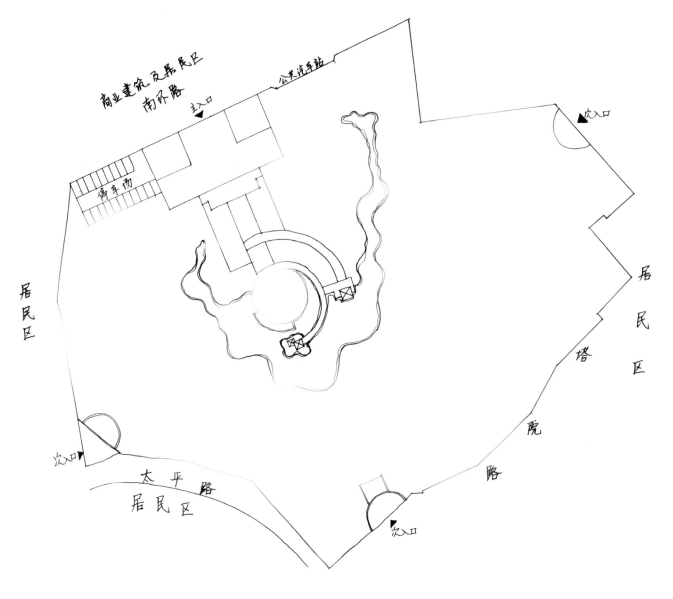

12.2.7　确定山体

（1）山体与水体一样，是整个场地的骨架所在，可以说一个是场地的动脉，一个是场地的静脉。所以一个形状优美的山体对整个场地的构图也是至关重要的。山体一般有山峰、山脊和山谷，绘制的山体也应具备这些山体特征。山峰一般为 2~3 个不等，山脊线要延绵出去，山谷线要凹陷进去。

（2）场地内不宜布置高大山体，高度控制在 3m 之内，以不完全遮挡视线为宜，使场地视线有若隐若现感。同时力争让场地土方保持平衡。

（3）场地内存在的山体不宜铲平，高大山体上不宜做建设。若山体坡度超过 8% 宜铺设台阶代替坡道。

（4）山体一般离水体较近，以减少土方运输距离。同时山体一般位于场地腹地，离主入口较远。

（5）整个场地的自然式水体一般只有一个，可以兼顾到整个场地的布局，形成"水中有岛，岛中有景"的格局。

（6）从文化地形学的角度或者从中国大的地理格局角度出发，山体宜布置在场地的西北部，这样既能满足风水的要求，又可抵御冬日的寒风。

（7）场地内建造的山体以 3 个为宜，一般西北方山体较为高大，东南处与东北处各有 1 座小山，这样的画面灵活而又布局清晰，同时与整个场地的大水体形成"一池三山"的格局。

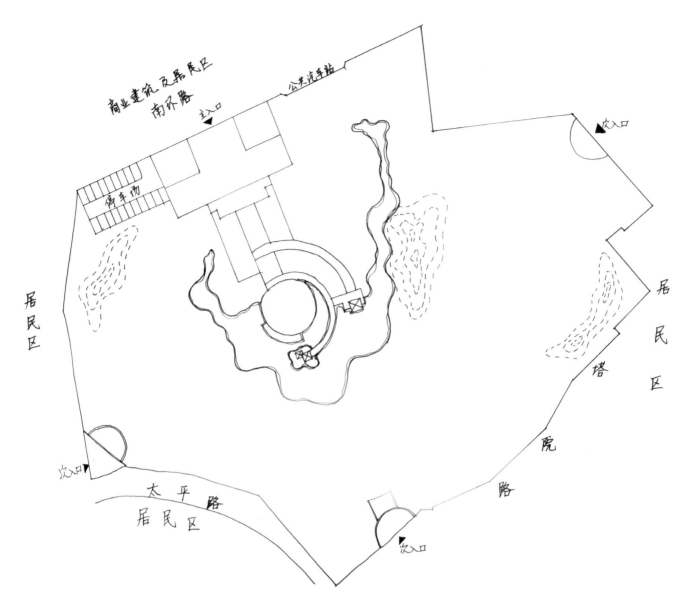

12.2.8　一级园路的位置确定及绘制

（1）一级园路是整个场地的脊梁。一级园路要形成环路，形成一条有韵律的、富有弹性与张力的道路。

（2）一级园路的轨迹要有一定的波峰、波谷，每个波峰或波谷的弧度不宜过大，形成"大环上套小环"的格局。

（3）小环的数量不宜过多，一般与出入口的数量一致，这样的园路显得不会过于单调或过于烦琐。

（4）一级园路不宜与主水体交接过多，一般以一次为宜，这样可以减少桥的数量，减少工程造价。

（5）一级园路应避让山体，若因场地限制等因素不能完全避让山体，则园路应平行于等高线，同时要保证一级园路的道路坡度不超过 8%。

（6）一级园路的轨迹往往离各个入口较近，离主水体较近，离主广场较远，穿过水体与最大的山体之间。

（7）一级园路不宜与场地外道路平行或距离过近，否则会给人一种道路功能重复的感觉。

（8）一级园路的宽度为 6m 左右，可通车，满足消防车的通车需要。若场地小于 20000m^2，则可不必过多考虑消防车的通车问题。在快题中为了表现的需要，往往会将道路适当加宽。

（9）一级园路以画双线为宜。

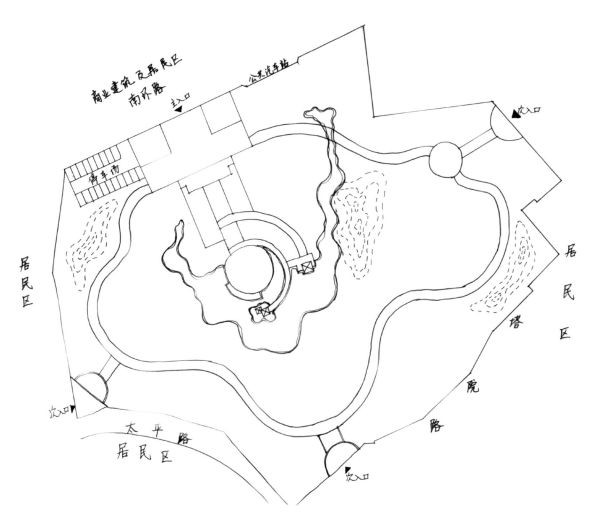

12.2.9　确定二级节点

二级节点也是设计的重点所在，其布局与形状是极其有讲究的。如果说前面的内容做好了可以拿到一个基本分，那么从这里开始就是一个提分、加分的过程了，也可以说是细节的竞争，而细节往往也是决定考试成败的关键因素。所以考生要格外注意这个问题。

（1）二级节点的布局是极其有规律的，往往在一级园路突出的地方，二级节点在其突出对面的位置；一级园路凹陷的地方，二级节点在其突出的位置。二级节点与主干道的距离不是等距的，这要根据图面的美观来定。

（2）二级节点的数量一般与面积是呈正相关的，一般面积越大二级节点越多，平均有多少公顷就有多少个二级节点，当然这不是固定的，也要根据具体题目、具体场地来定，场地越小平均每单位面积内的节点就越多。这样场地的游憩功能可以得到很好的释放，同时又不会由于节点过多而让场地显得较为拥堵。

（3）中心水体旁一般会有 3 个节点，分别为 2 个茶室与 1 个码头，或者还会有亲水平台、钓鱼台、木栈道和湿地等景观元素。

（4）在山体处设计二级节点时，一般会在山顶处设计 1 个观景亭，或者在半山腰处设计 1 个二级节点。

（5）二级节点的类型比较多，一般有建筑类、现代景观类建筑、古典园林类建筑、广场类及其他类 5 种类型。

①建筑类的二级节点往往有居民活动中心、展览厅、茶室、咖啡馆等。这类建筑要严格按照其相应的建筑规范来执行，同时注意要有相应的道路（最好为车行道）通向建筑，建筑旁要有相应的铺装面积。

②现代景观类建筑，这类建筑种类比较多，一般有各种茶室、居民活动中心等。

③古典园林类建筑，一般以传统的亭廊楼榭为主，设计时要严格按照古代园林类建筑的营造方式来做，可以在古典园林柱式的基础上增加现代景观设计元素。

④广场类景观建筑，一般以小型广场为主，形式可以多样，小广场最好不超过 3 个，这样画面构图会比较稳定。

⑤其他二级节点形式，一般以树阵广场、孤植树、码头和湿地等景观元素为主，这些二级节点的数量及布局要根据画面构图来确定。使整个画面显得活泼而不失灵动。

⑥二级节点要"软硬结合"，比例适中，即要使建筑类的二级节点与景观类的二级节点数量相当。

⑦二级园路以画单线为宜。

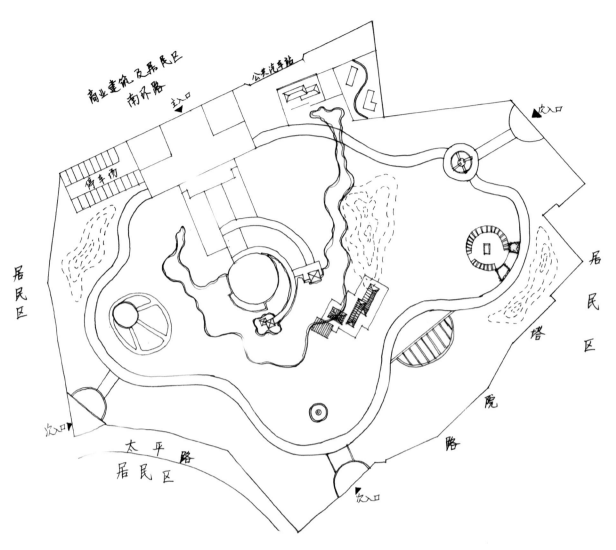

12.2.10 确定二级园路

（1）二级园路是根据二级节点与一级园路的位置确定的。往往是先有二级节点再有二级园路，这点考生要格外注意。考生往往会先画二级节点再画二级园路，这是极不科学的，在景观快题中，考生要先定点，再定路。

（2）二级园路是一级园路的镜像反射。一级园路突出的地方二级园路凹陷，一级园路凹陷的地方二级园路突出。

（3）所有二级园路成环。每条二级园路最好能与周边的二级园路有一个交点，即可以形成一个个的十字路口，而不是丁字路口。

（4）二级园路的宽度以 1.5~3m 为宜，在快题中为了表现的需要，道路往往会画成 3m。

12.2.11 各节点深化

（1）在各个点与道路的位置确定好后，就要进行节点的深化了。这步也是极为重要的环节，因为这也是一名考生综合能力强弱的体现。

（2）各出入口深化，出入口深化要注意以下几点。

①铺装边缘要画双线。

②铺装不宜画成规则式的矩阵形状，如若要画成矩阵型铺装，可以适当虚化掉部分铺装。

③铺装不宜画得过大，这也是当今考生的通病，不太注意铺装尺度，现在最普通的火烧砖块尺寸一般是 150mm×120mm，画的时候可以适当扩大铺装比例但不宜过度，否则会给阅卷者比例失调的感觉，或者认为考生对考题比例把握不当。

④广场往往会有高差，不宜将整个广场做成平的，广场在竖向上突出或下陷的位置要注意有不少于三级的台阶进行连接，同时要设置无障碍通道连接。

⑤出入口若面积允许，宜采用较为生态的做法，如在广场中种植一定数量的树木或排列一定数量的树阵。

⑥出入口，尤其是主广场的主入口往往会与停车位结合在一起。停车位分布在主入口的两侧，从主入口有车行道通入并且从另一方向驶出。

（3）各广场深化。广场深化与出入口深化有异曲同工之妙，基本手法一致，不同的是广场面积更大，广场中可能还会有草坪、沙滩、亲水平台等景观要素，同时不会设置停车位等的出入口设施。

（4）建筑类节点深化。建筑类节点要按照建筑设计的规范来画，建筑的外轮廓线要加粗；建筑旁要画有一定面积的铺装；如若建筑面积较大或为重要的公共建筑或文物建筑，则建筑外围要建立环形的车行道进行防火保护。

（5）其他景观节点深化。其他节点参照建筑节点的规范来做，也要画细致、到位。

（6）其他景观要素绘制。其他景观要素基本上以树丛为主，树丛在绘制时要疏密得当，要设计成"疏可跑马，密不透风"的格局，只有这样才能达到一个好的效果；树丛以"四周多，中心少"为布局原则，起到围合整个场地的作用。

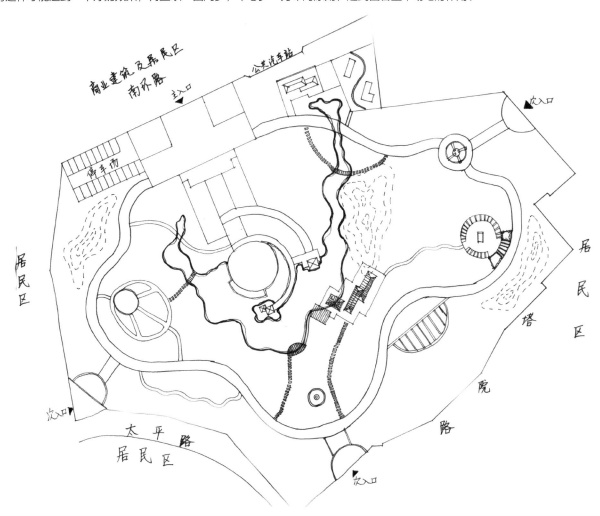

12.2.12 标场地高程

标高程是后期深化中极其重要的一部分，因为高程是竖向规划中的核心，直接关系到后面剖面图和立面图的画法。在实际项目中，高程点还关系到给排水规划以及园林工程的施工。

竖向高度是根据设计平面图及原地形图进行标注，它借助标注高程的方法，表示地形在竖直方向上的变化情况及各造园要素之间位置高低的相互关系。它主要表现地形、地貌、建筑物、植物和园林道路系统的高程等内容。它是设计者从园林的实用功能出发，统筹安排园内各种景点、设施和地貌景观之间的关系，使地上设施和地下设施之间、山水之间、园内与园外之间在高程上有合理的关系所进行的综合竖向设计。

高程在总体规划中起着重要作用，它的绘制必须规范、准确、详尽。

（1）高程表示方法。高程点以倒置的空心黑三角形表示，上面标注场地高程，以小数点后一位为宜，单位为 m。

（2）需要标高程的点。高程点的标注原则一般是在节点中心、高度有变化处、变坡点处等进行标注。

（3）标注位置以整个场地的布局美观得体为原则，整体感觉上，节点处标注稠密，其他区域标注稀疏。

（4）绘图比例及等高距。平面图比例尺的选择与总平面图相同。等高距（两条相邻等高线之间的高程差）根据地形起伏变化的大小及绘图比例来确定，绘图比例为 1∶200、1∶500、1∶1000 时，等高距分别为 0.2m、0.5m、1m。

（5）地形现状及等高线。地形设计采用等高线等方法绘制到图面上，并标注其设计高程。设计地形等高线用细实线绘制，原地形等高线用细虚线绘制。等高线上应标注高程，高程数字处等高线应断开，高程数字的字头应朝向山头，数字要排列整齐。假设周围平整地面的高程定为 0.00，高于地面为正，数字前"+"号省略；低于地面为负．数字前应注写"-"号。高程单位为 m，要求保留两位小数。

（6）其他造园要素。

①景观建筑及小品：按比例采用中实线绘制其外轮廓线，并标注出室内首层地面标高。

②水体：标注出水体驳岸岸顶高程、常水水位及池底高程。湖底为缓坡时，用细实线绘出湖底等高线并标注高程；湖底为平面时，用标高符号标注湖底高程。

③山石：用标高符号标注各山顶处的标高。

④排水及管道：地下管道或构筑物用粗虚线绘制，并用单箭头标注出规划区域内的排水方向。

为使图形清楚可见，竖向设计图中通常不绘制园林植物。

12.2.13 标注景点名称

景点名称也在后期中起到锦上添花的作用。在一个景点用手绘表现得不明确或者不好表现时，用一个恰到好处的景点名就可以解决很多问题，这也体现出了中国文字的博大精深，所以考生在日常学习中要注意景点名的积累与运用。

（1）景点名称的选择原则是不矫揉造作，不无病呻吟。考生在考试中往往会把一些比较悦耳的名字硬性套用到考研快题中，这样的做法是非常不可取的，快题本身就是短时间内对一些概念的提取与表达，是一个有灵魂的整体，若套用与此快题不想关的内容，则会使整个快题的感觉体系比较混乱，给阅卷者留下不好的印象。

（2）景点名称的来源也是多种多样的，最行之有效的方法就是将平日见到的好的景点名分门别类地熟记在心中，日积月累总会有成效的。

（3）如果要自造景点名称，往往会来源于诗词、成语、现代语的改造。例如，要设计秦汉时期的园林，那么就要多看看《诗经》《离骚》和《汉赋》这样的文章；如果要设计唐宋时期的园林，那么就要看看唐诗宋词，从中提取出一定量的精彩词汇经过改造，将其作为景点的名字。只有这样才是优秀的快题设计所需要的点睛之笔。

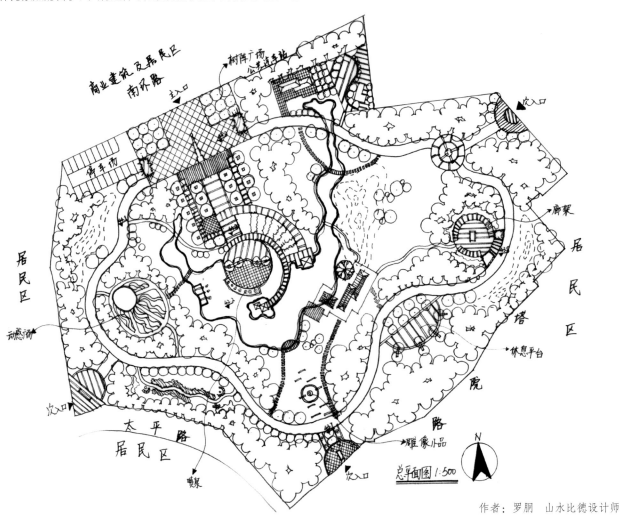

作者：罗朋　山水比德设计师

12.2.14 植物配置表

　　植物配置是快题中一个非常重要的组成部分。有的学校的快题甚至要求植物配置单独成图或者单独计分，这就要求我们对植物配置有个深刻的了解与认识。

　　首先是植物配置的表达，这里分两类来讲述，一类是将植物配置与总平面图合在一起，一类是将植物配置图单独画出来。前者在绘制的过程中要求考生只需要绘制出行道树与树丛即可，不需要表示出灌木与草本；后者要求在表现以上植物的同时，还需要绘制出灌木，以及标注出草本的名称。

　　（1）不同地区的植物种类不太一致，我们以气候区为依据分为3类地区：东北与华北地区，代表学校有北京林业大学、东北林业大学等；华中与华东地区，代表学校有同济大学、东南大学、南京林业大学、华中科技大学、华南林业大学等；华南与西南地区，代表学校有华南理工大学、华南农业大学、西南林业大学等。

　　（2）东北与华北地区常见的行道树有悬铃木、国槐、毛白杨等；常见的乔木有黄栌、垂柳、榆树、侧柏、泡桐等；常见的灌木有黄杨、牡丹、丁香、迎春、月季等；常见的草本植物以狗牙根、高羊茅、早熟禾居多。

　　（3）华中与华东地区常见的行道树有悬铃木、香樟、广玉兰等；常见的乔木有鹅掌楸、青桐、含笑、栾树、构树等；常见灌木有珊瑚树、小叶女贞、八角金盘、十大功劳、栀子等；常见的草本有狗牙根、酢浆草、吉祥草等。

　　（4）华南与西南地区常见的行道树有大叶榕、木棉、棕榈等；常见的乔木有羊蹄甲、栾树、水杉、加拿利海枣、鱼尾葵等；常见的灌木有鸳鸯茉莉、黄蝉、红花檵木、花叶假连翘、夜合花等；常见的草本有酢浆草、文殊兰、可爱花等。

　　（5）乔木、灌木、草本的表达要清晰明了，不可为了使植物表达清晰而破坏总平面图的效果，这样就得不偿失、舍本逐末了。

　　（6）行道树一般每七八米一棵，树与树之间留1m的间距。

12.2.15 比例尺、指北针

比例尺与指北针也是快题后期的重要组成部分。这个本来是形式上的内容，但是考试时由于时间紧张，许多考生都会遗漏这个部分，这样在阅卷时老师如若发现考生没有绘制比例尺与指北针就会觉得考生缺少绘图常识，造成极不好的影响。所以考生要切记这一点。

比例尺

比例尺分为 1∶200、1∶300、1∶500、1∶1000 4 类。不同比例尺的绘制深度与要求都不一样。

①1∶200 的比例有些接近建筑设计或环艺设计的比例，画面需要比较精细，很多对象的细节都需要勾画出来，如树池周围的铺装砖石等需要勾勒清楚。一般面积在 5000m² 以下的地块用这种比例居多。

②1∶300 的比例与 1∶200 的类似，不过这类比例的图纸在快题中很常见，适用于面积在 5000m²~30000m² 的地块。这类快题需要表达出一定程度的细节，如行道树要画出一定的枝干部分。许多物块都需要画双线。

③1∶500 的比例是考研中最常见的一种比例形式，这也要求考生在平日里要多加练习这类尺度的题目，避免尺度失衡。这类快题需要着重表现出一定的场地结构关系，各节点要有一定程度的表达。行道树中心画点外画圈即可。

④1∶1000 的比例，一般 80000m² 以上的地块需要用这种比例。这类快题基本上考查考生的空间组织能力与分区能力，对单个节点的平面设计及造型设计的考查不大。

指北针

①指北针需要注意的问题有，图纸的上方一定是北，树及其他物体的阴影要打到北面。

②风玫瑰不需要画得很精细，但是要注意的是我国大部分地区一般是西北风与东南风居多，如果不这么画可能会让阅卷老师产生疑问。

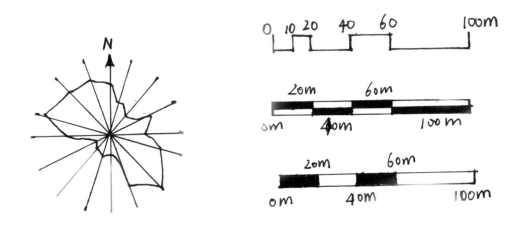

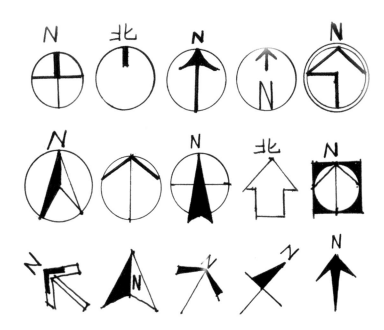

12.2.16　图名

（1）最后，总平面图画完了就要写图名了，这个也是考试时比较容易忽略的地方。总平面图上一般会写"总平面图 1：x00"的字样，如若已经画了比例尺，则不必在总平面图后标明比例尺了。

（2）总平面图下方会加两条下划线，第 1 条线粗，第 2 条线细。

以上的 16 个小节介绍的是快题中大地块总平面图的画法，考生要牢记在心，熟加练习并举一反三，切勿顺序颠倒，只有思路明确才是一个有条理、有步骤、富有效率的快题绘制过程。

12.3　小地块总平面图设计

小地块的切入思路与大地块的差异较大，这不仅是由面积决定的，更是由出题背景决定的，对考生能力的考查也不一样。小地块往往是农林类与环艺类院校考试中最常见的题型，着重考查考生的植物造景能力、空间围合能力以及空间构图能力。

小地块基本上不讲求功能分区与园路等级，主要看重平面构成与细节体现。随着地块的增大，场地的铺装率降低，绿化率提高，功能分区与园路等级体现的就尤为明显了。

农林类院校的快题往往是由植物造景或植物配置专业发展而来，所以一般面积都不太大，着重考查考生的植物认知能力、植物搭配能力和空间营造能力，对建筑规划的规范考查得不多。

环艺类院校着重考查的是考生组织平面的能力，对功能分区与植物造景等方面的要求不多。

所以考生如果报考环艺类的院校，快题分为临摹与设计 2 个环节。

临摹阶段：

应着重选取小面积的优秀作品或大面积地块中的优秀节点进行临摹与借鉴，同时在临摹时绘制一幅平面结构图。所谓平面结构图就是将平面中的主要线条进行圆与方的抽象并将其映射到结构图中，通俗点讲，就是把复杂平面符号化。

设计阶段：

这样积累到一定程度后可进行自我的总结与设计，设计时要遵循以下设计原则：黄金分割点原则；方与方穿插分割原则； 圆与圆穿插分割原则； 圆与方穿插分割原则。

根据这 4 个原则勾勒出大致平面后则要进行平面的深化。简单点讲，就是先把平面符号化，再进行深化，与临摹环节恰好相反。

但是近年来由于高校快题的发展，建工类院校不再在大地块上做文章，渐渐地向环艺类的题目整合；农林类的快题已经不再拘泥于小地块的考查，也逐步向建规类院校的试题发展。快题出现融合性多元化的发展趋势，所以考生在准备时不可生搬硬套走教条主义路线，应灵活处理，熟练掌握。

12.3.1　小地块总平面图的线稿绘制步骤

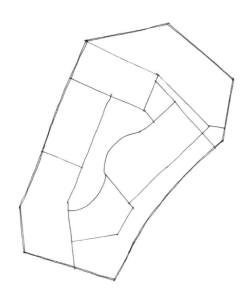

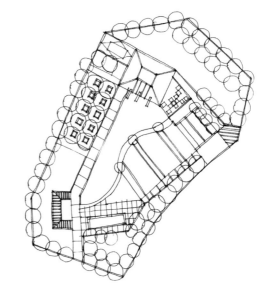

STEP 01 划分出基本的功能分区，画出场地的主要道路，分割出水体的位置。

STEP 02 在基本功能明确的基础上，细化道路及基本的道路铺装和植物的表现。

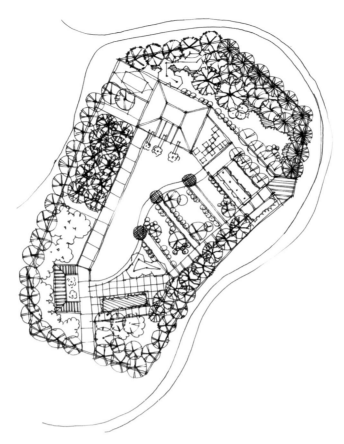

STEP 03 完善平面图中各类型的细节，强调景观节点中各材质的细节。

12.3.2 小地块总平面图的上色绘制步骤

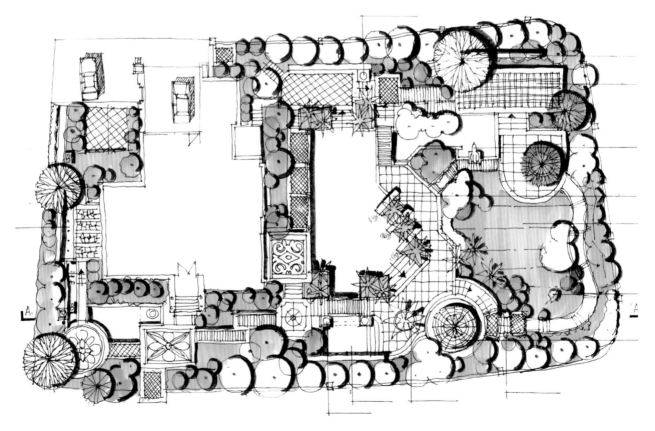

STEP 01 用59号马克笔铺出草地的颜色。若在铺色时将颜色铺到了行道树上，不用担心，因为马克笔其特点是浅色容易被重色覆盖。这个颜色可以作为行道树的亮色。颜色与颜色的叠加会使画面更为丰富。

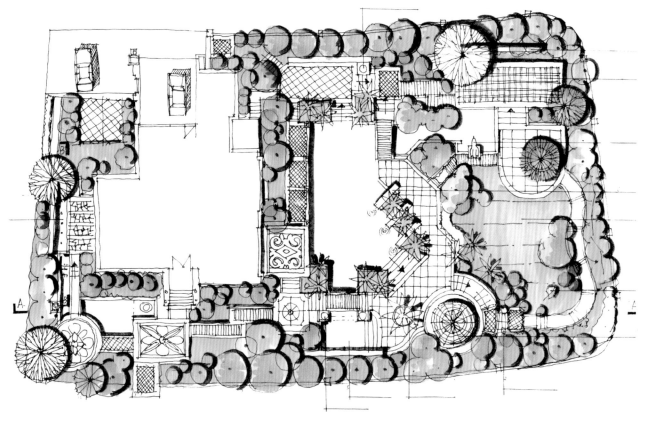

STEP 02 找出其他颜色的植物类型进行涂色，使画面的植物更为丰富。

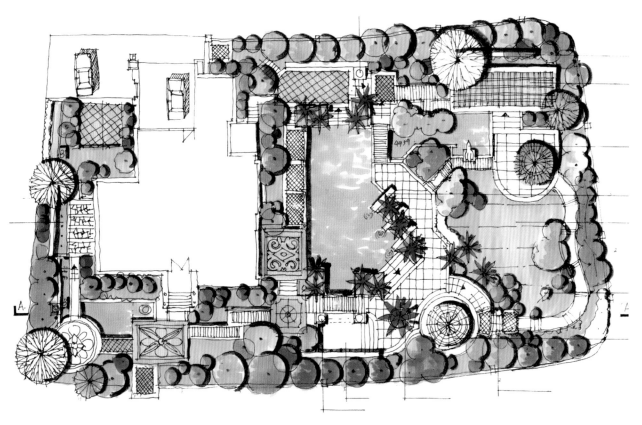

STEP 03 逐渐刻画出水体、铺装等其他材质的颜色。

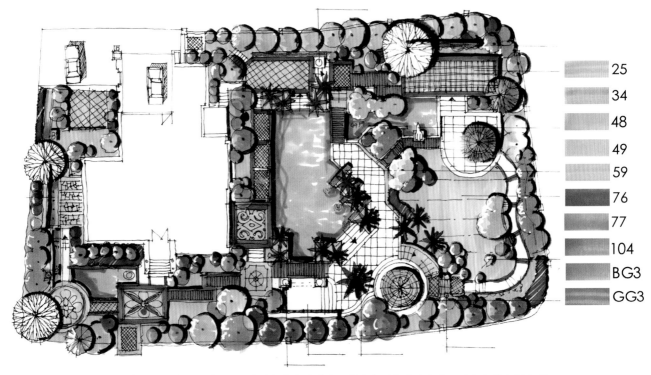

	25
	34
	48
	49
	59
	76
	77
	104
	BG3
	GG3

STEP 04 可以把雕塑景墙等的颜色进行提纯，可适当进行颜色的叠加，使颜色更加丰富和谐，逐渐完善空间表现。

12.4 立面图与剖面图

　　景观的剖面图与立面图主要反映标高变化、地形特征、高差的地形处理以及植物的种植特征。建议画出最有代表性、变化较丰富的立面图与剖面图。有些考生为了节约时间，往往会选择画最简单的立面图和剖面图，甚至在考前的练习中也避重就轻。但实际上，若在构思平面图时就已经考虑到竖向的划分，那么在平面图定稿后，绘制复杂的立面图或剖面图也不会花费很多时间。在紧张的考试中，平面图上常会有表现不全面之处，而绘制立面图或剖面图则可以弥补平面图上的不当或者不易表现之处，甚至为整个方案锦上添花，也可以让阅卷人了解到你训练有素的设计素养。

　　设计中理想的状态是平面图、立面图、剖面图同步进行、相互参照。然而，实际情况是很多考生难以在短时间内把平面和竖向关系处理的面面俱到，往往只是经过简单的草图构思，画完平面图后再画立面图。这样在画剖面图时常常会发现平面图需要进行局部调整，但在时间紧张的考试中再回头更改平面图已不可能了，因此不妨把调整和优化后的立面图和剖面图画出，只要与平面图出入不大即可。

　　平时练习时也应选择最有代表性的剖面图和立面图进行练习，多练几次就会越来越得心应手。

　　在立面图、剖面图中应注意加粗地平线、剖切符号，被剖切到的建筑和构筑物也要用粗线表示，图上最好有 3 个以上的线宽等级，这点往往易被非建筑学专业的学生忽视。

　　剖面图和立面图绘制的常见问题如下。

　　①元素缺乏细部，甚至明显失真。

　　②尺度不当。

　　需要注意以下几个方面。

　　①地形在立面图和剖面图中用地形剖断线和轮廓线来表示。

　　②水面用水位线表示。

　　③树木应当描绘出明确的树形，注意不同树种的绘制与配置、色彩变化与虚实的对比。

　　④构筑物与建筑制图的方式表示。

　　平时要注重收集剖面类型，如道路横断面，以及驳岸、喷泉水景和小广场的剖面图等。熟记一些常见的剖面图和立面图的景观元素，如各种形态的立面树的表达、各种水景的立面表达、亭廊的围合等。建议考生在考前对立面图和剖面图进行充分练习，剖面图在景观设计中虽然不像在建筑设计中那么重要，但是对于空间安排和功能布局有重要的辅助作用。在时间充裕的情况下，即使考题中没有做明确要求，也可以绘出剖面图作为平衡图面的要素，这样也会让阅卷老师感觉到你的成果分量充足。

各元素剖面图与立面图的绘制方法

（1）树木

①根据树形特征定出树的大体轮廓。

②根据受光情况，用合适的线条表现树木的质感和体积感，并用不同的表现手法表现出近景、中景和远景的树木。

（2）水体

①用细实线或虚线勾画出水体的造型。

②线条的方向要与水体的流动方向保持一致。

③注意虚实变化。

（3）建筑

立面是由建筑物的正面或侧面的投影所得的视图。剖面是用假设的平行于建筑的正面或侧面的铅垂面将建筑物剖切开所得的剖切断面的正投影。线形表现方面如下。

立面图：

粗实线——建筑物的立面轮廓线

中实线——主要部分的轮廓线

细实线——次要部分的轮廓线

特粗线——地平线

剖面图：

粗实线——被剖切到的剖面线

中实线——没剖切到的主要可见轮廓线

细实线——其余

（4）地形

①根据平面图的剖切位置，找出地形剖断线，并画出地形轮廓线，便可得到完整的地形剖面图。

②地形的剖面图能准确表达出地形垂直方向的形态。

③地形的剖断线要用粗实线表现。

④作出地形剖面图后，如果再画出剖视方向的其他景观要素的剖面或立面投影，就可得到园景剖面图。

园林景观立（剖）面表现墨线图的绘制步骤

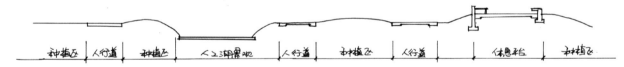

STEP 01 根据剖面图各局部的尺寸，勾勒出地形、水体、建筑物和景观构筑物的立（剖）面图。

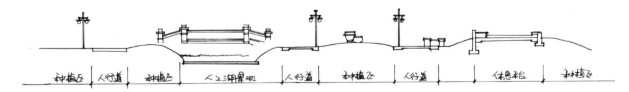

STEP 02 根据各景观要素的尺寸，定出其高、宽之间的比例关系，用铅笔按一定比例画出各景观要素的外形轮廓。

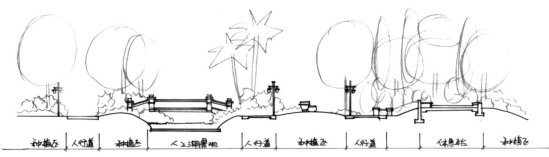

STEP 03 绘制前景和中景植物的立面，用灵活的线条勾勒出植物的外轮廓。

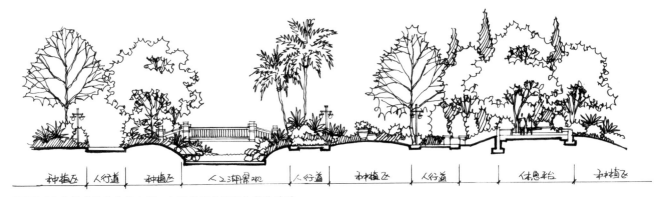

STEP 04 绘制背景植物的立面，勾画出配景画面的整体关系。

园林景观立（剖）面表现色彩图的绘制步骤

STEP 01 绘制植物的亮面，近处植物用中绿色马克笔上色，注意将植物的受光面留白，背景植物采用冷灰色，注意植物间色彩冷暖关系的调整。

STEP 02 将近处植物的暗部用深绿色马克笔进行着色，并将灌木、花草和后面针叶树的大色铺上。

STEP 03 绘制近处的景观构筑物，详细表现景观的材料质感。为水系统和配景着色。

43
47
59
76
77
84
94
WG3
WG5

	36
	43
	48
	59
	76
	96
	GG3

12.5 分析图

　　分析图即用符号化的语言传递设计思想、表达设计思路,分析图具有清晰、概括地展示方案的作用,以及简单明了、一目了然的特点。分析图绘制的原则是醒目、清晰、直观地提炼设计核心,用符号化的语言呈现,注重表达的设计感。通常可以先用马克笔绘制,用色宜选择饱和度高、色彩鲜艳、对比突出的颜色;再用针管笔勾边、塑形。景观规划设计中常见的分析图包括:功能分区图、景观结构图、交通结构图、视线分析图、空间分析图、高程分析图和土方平衡图等。

　　(1)功能分区图

　　功能分区图是指在平面图的基础上用线框示意不同功能性质的区域,并给出图例或直接在线框内标注出区域的名称。功能分区图要求能够体现各功能区的位置及相互间的空间关系。

　　功能区的形态根据表达的需要可以是方形、圆形或者不规则图形。每个区域用不同的颜色加以区分,线框通常为具有一定宽度的实线或虚线。

　　(2)景观结构图

　　景观结构图主要是表达平面图中主要景观元素之间的关系,景观设计中的元素主要分为出入口、景观广场、景观节点、景观轴线、主要道路和水系关系等。出入口可以用箭头表示;景观广场、景观节点可以用圆形表示;景观轴线、主要道路可以用直线、曲线表示;水系一般用蓝色线条勾出轮廓表示。

功能分区 1
功能分区 2
功能分区 3
功能分区 4
功能分区 5

规则式功能分区

功能分区 1
功能分区 2
功能分区 3
功能分区 4

自由式功能分区

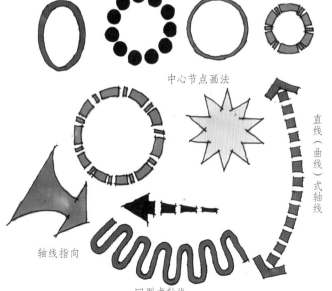

中心节点画法

轴线指向

回型式轴线

直线(曲线)式轴线

（3）交通结构图

交通结构图主要表达出入口和各级道路彼此之间的流线关系，包括基地周边的主次道路、基地内部的各级道路、出入口和集散广场等。绘制时，用不同的线宽与色彩标注出不同的道路流线，用箭头标注出入口。

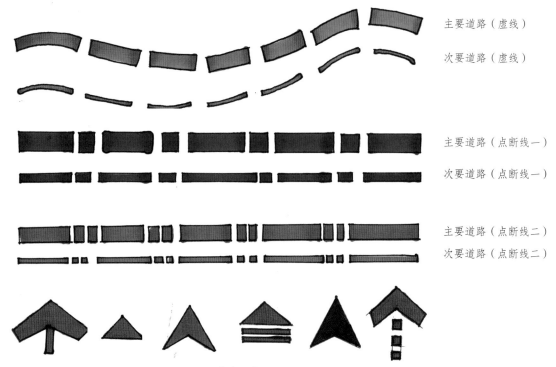

主要道路（虚线）

次要道路（虚线）

主要道路（点断线一）

次要道路（点断线一）

主要道路（点断线二）

次要道路（点断线二）

入口箭头画法
道路分析图

（4）视线分析图

视线分析图主要表达景点之间视线上的联系，包括主要观景点的视点、视线、视距和视角等。

（5）空间分析图

空间分析图主要表达不同空间类型的位置和他们之间的相互关系，概括基地空间的属性，表达场地空间的层次。一般根据功能分区的需要及植物的配置情况，可分为开敞空间、半开敞空间和封闭空间等。

（6）高程分析图

高程分析图主要表达场地地形、地貌的设计特征，可以通过等高线的方法进行表示。此图在快题中往往不单独绘制，而将其与平面图结合在一起绘制。

（7）土方平衡图

土方平衡图是快题中较为少见的分析图，主要表示设计中的填挖方区域，往往挖方区域只有1处，而填方区域有3处，形成"一池三山"的格局，且挖方区域要略小于填方区域。

土方量的计算方法：用挖方的面积乘以1/2，即为填挖方量，因为景观中的水深平均为0.5m，所以这是土方量的大概计算方法。填方量的面积要略小于挖方量的面积。

12.6 设计说明与经济技术指标

设计说明

设计说明应简洁扼要的表达设计意图，内容涉及场地分析、概念立意、功能结构、交通流线、视觉景观、植物规划和预期效果等。每个要点用一两句话概括即可；形式上要排列整齐、字体端正；每个段落可以提炼出一个关键词，或在段落前加上序号或符号，给人以思路清晰、条理分明的感觉。下面为一个优秀的设计说明范例。

（1）习家池是中国现存的最早的私家园林，具有重要的文物价值，所以在快题设计中力图再现中国早期私家园林的意境，突出魏晋郊野园林的韵味。

（2）以褉饮园、竹林、松林、果园、百花园和田庄表现魏晋园林景观，在设计中点缀楼、观、亭，让建筑融入环境。

（3）根据历史文献的记载和描写习家池风景的诗歌，恢复或重建习家池中原有的景点，从而增加习家池园林的文化底蕴。

经济技术指标

经济技术指标也是快题中的重要组成部分，常见的指标有场地面积、绿地率、游客量、水体面积率、道路面积率、建筑面积、建筑密度、容积率和停车位等。

12.7 排版及图纸命名

排版即将上述图纸组合在一起。版面布局是评图者在具体辨识设计内容之前对设计者专业修养的第一印象，因此，不仅方案内容要好，排版也很重要。

具体版面安排应该注意以下几个方面。

（1）图纸大小与版面布局

试题若对图纸大小有明确要求，请务必遵守。若不明确，应与报考学校的研招办联系进行确认。如果没有特别要求的，建议采用大号图纸以便将全部内容表现在一张图纸上，这样做有利于节约时间，方便作图与老师评图。

（2）图面排版匀称

任务书中要求的各分项的工作量、精彩程度各不相同，如总平面图上要素最多，幅面最大；立面图和剖面图的图面内容较少，多呈长条形；鸟瞰图、透视图非常直观具象，往往最引人注意；分析图抽象概括，由几幅小图组成；文字部分要条理清晰，形式简洁明快，不能喧宾夺主；指标分析多以表格形式出现，文字和指标较为理性、概括，宜放在总平面图或分析图的旁边。

（3）版面填空补白

在排版时各单项中间难免会出现较大的空隙，尤其当基地形状不规则时，这时就要进行适当处理，避免凌乱。例如，总平面图周围可以结合比例尺、指北针以及文字说明进行布置；在透视图或鸟瞰图周围可以加上缩小、简化的总平面图，并标明视点、视线和视角。当不同的立面图与剖面图上下排版时，如果有长短差别，可以通过采用等长的背景作为统一的手段，避免参差不齐。

（4）考虑绘图方便

在快题考试中，排版除了要考虑上面所说的美观因素外，还要方便合理，以利于节约时间。在景观快题考试中，总平面图最好与立面图或剖面图安排在一张图纸上，如果剖面图与水平线平行，即可用总平面图往下拉线并在立面图或剖面图上确定元素的水平位置。

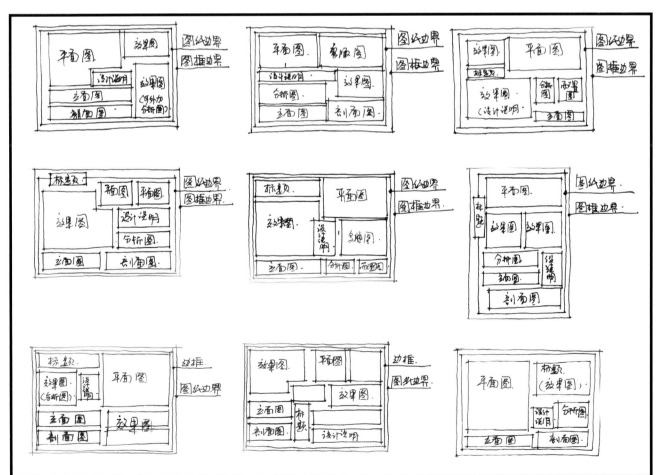

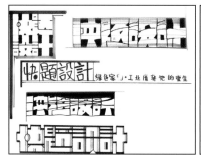 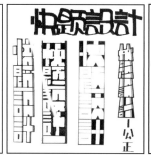

12.8 教学成果部分作品展示

设计：该方案较好地理解了设计任务书的意图和要求，对基地的周边环境做了充分的考虑，运用多种手法布局造景要素，满足使用空间。构图中心明确，空间开合有序。充分体现了纪念亭、纪念墙及小广场的整体设计。

表现：该方案表现力很强，图面完整，色彩协调统一，无论是平面图，还是效果图都注重细节的刻画，色彩与透视感很好。整体排版严谨，饱满，是一幅较好的快题设计作品。

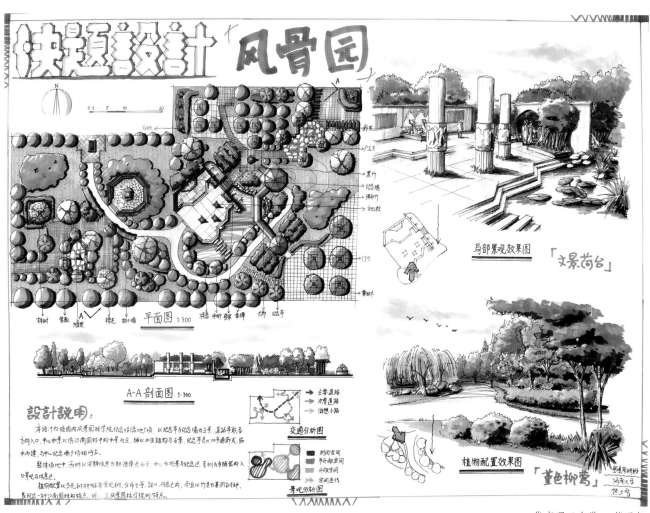

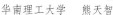

华南理工大学　熊天智

设计：本方案设计形式、结构变化丰富，重点突出，较具个性。同时，能较好地满足使用需求。游线设计相对丰富，具有一定向水面发展的导向性。空间设计具有开合疏密、节奏变化，场地与周边环境的穿插关系紧密。驳岸设计宜于亲水，但形式有些单一。

表现：图纸以马克笔表现为主，笔法硬朗，整体效果统一而强烈。

总体规划图 1：200

华中科技大学　吕文卉（快题 144 分）

设计：该方案结构清晰，整体呈规则式布局，中心突出。道路系统清晰明确，多以开敞空间为主，满足学生的聚会、休憩等需求。但方案的空间设置过于单调，没有充分考虑到遮阳的功能需求。

表现：图面整体感强，表现清晰，整个版面排版规则，充分利用了图纸的空间。透视图的选择角度好，色彩丰富，透视图的透视感染力较好。

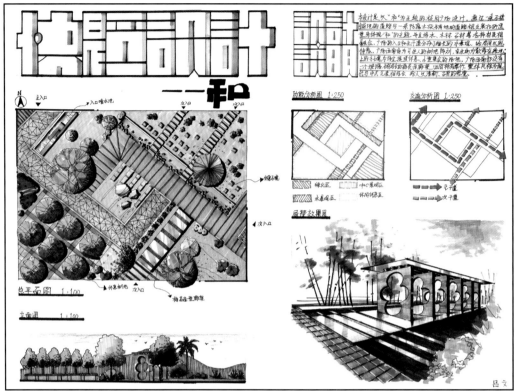

华中科技大学　　吕文卉（快题 144 分）

设计：该方案平面图设计丰富，重点突出，道路系统丰富，功能分隔明确。以"回"字形的设计理念，将中心的水池和平台作为核心。方案的四角配置有丰富的高大乔木，各种材质表达完整。

表现：图面整体感强，色彩丰富，层次感强，具有感染力。同时透视图的选择角度独特，效果好，展现出该考生扎实的设计功底。

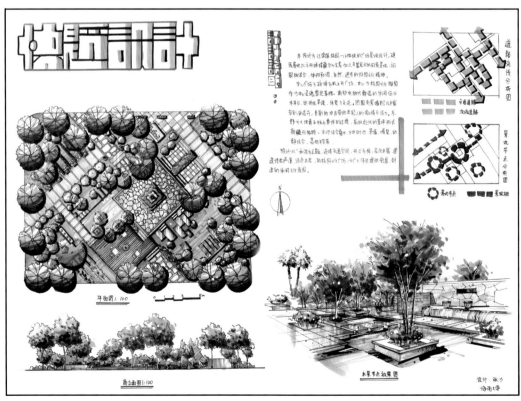

南京林业大学　　张力

设计：快题结构清晰，很好地完成了题目的要求。细节刻画细致，东西向的轴线让整个画面看起来略显狭长。但如果做几条南北向的道路整体效果会更好。本图以"羽扇纶巾"为主题，与整个画面的切合度不够。

表现：图底关系较清晰，画面亮丽，透视图丰富，但应加强立面图的表现。

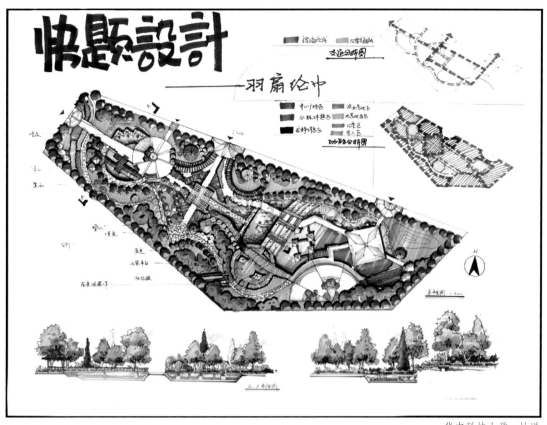

华中科技大学　杜洋

设计：通过丰富的色彩与线条的绘制，表达了广场中植物的要素。方案的空间变化较为丰富，满足交通需求。但空间布局过于平均，缺少动势，并不适合开敞空间的设计要求。

表现：浓艳的马克笔表现很好地衬托出了体育馆入口的绿地广场。但效果图表现过于局部，未能全面反映出方案的整体设计空间。

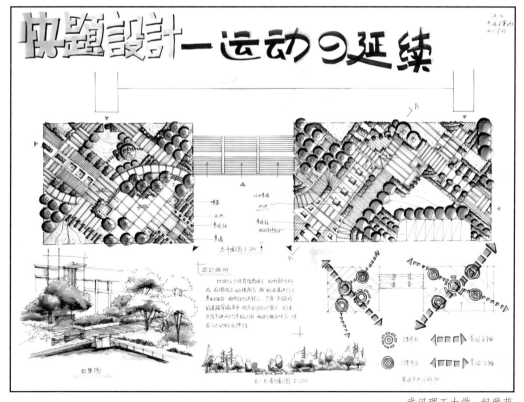

武汉理工大学　纪雅萌

设计：本快题设计整体性很好，空间特别丰富，很有风景园林的感觉，是一幅优秀的快题设计作品。从北部广场进入后，通过一条中轴线直达中心广场，广场前方是一个面积较大的湖，很有北京奥林匹克公园的特点。值得众多考生学习。

表现：平面图色彩淡雅得体，很有视觉冲击力。

华中科技大学　刘璐（初试、复试均第一名）

设计：该方案设计较好地解决了场地中的高差问题，重要的是设计要与地形契合，这对设计者的空间想象力和平面竖向推敲能力的要求略高。主次节点明确，功能分析合理。借助直线与折线规划场地，产生了一定的形式感。场地东侧滨水景观采用湿地与滨水栈道结合的设计，提升了亲水性。值得一提的是，该快题效果图采用了平视角效果表达法，更容易表达出大场景与空间的丰富程度。

表现：画面整体概括，颜色表达统一、老练，符合考研快题的用色。

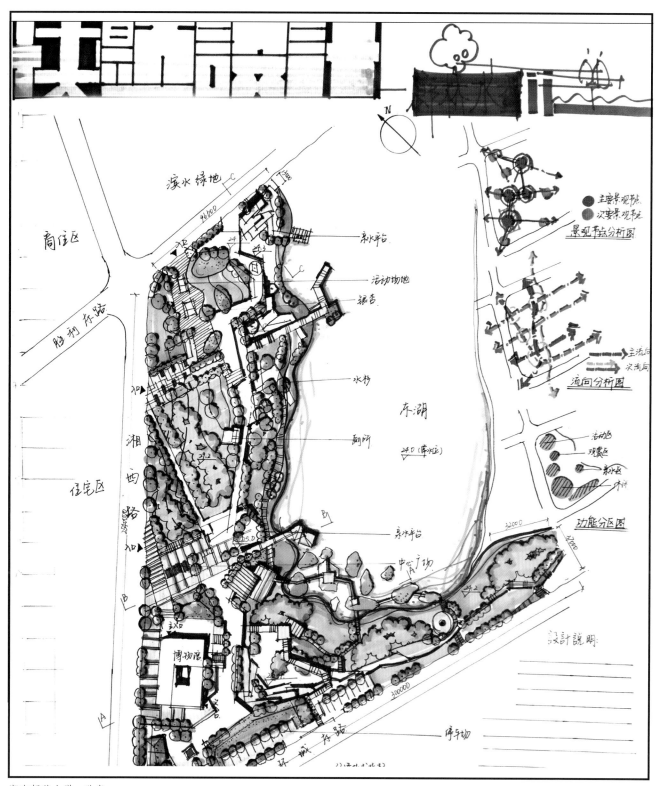

湖南师范大学　孙炎

设计：本方案为备考前的快题训练作品。设计结构清晰、布局简练。开放性较强，通过轴线及周围一些小场地的设定引导游览，方便周围人群使用。用几何与自然结合的设计手法，自然式的地形、水形及种植很好地体现出自然风景。水面曲折栈道的设置颇具传统园林的韵味，山地的设计较为巧妙，不仅丰富了场地内地形的变化，增加了空间趣味性，也在一定程度上为大水面营造出独立而安静的空间氛围。

表现：由于同济大学要求硫酸纸上色，其表现方式和复印纸上色有所区别，必须以高重色融合浅色。因此，该方案在颜色上色彩明确的表达了空间关系。

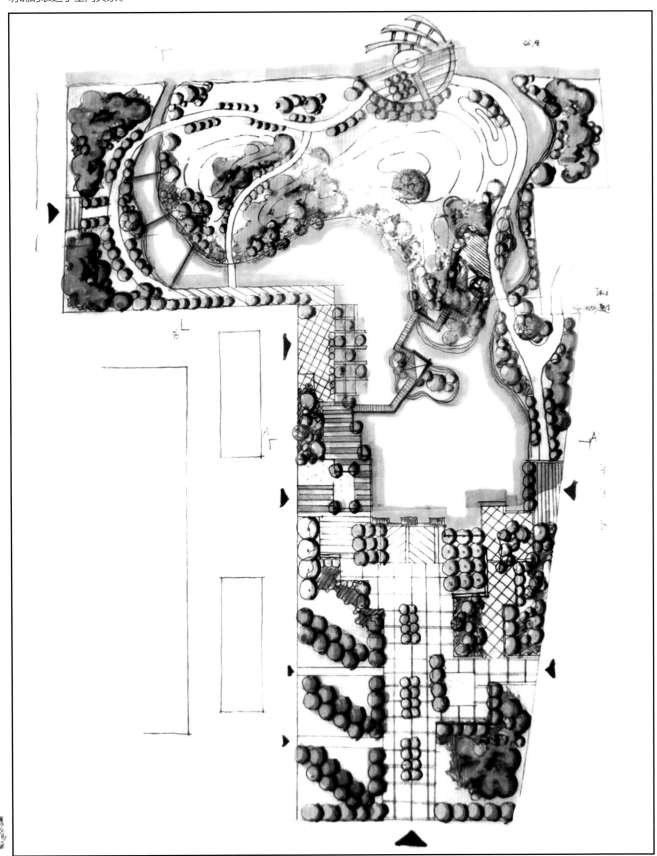

同济大学　鲁甜

设计：该方案考虑到了中心庭院的活动人流量大，与东西两侧的庭院设计有较大不同，这一点很好地捕捉到了题目的设计要求。但是方案缺少整体感，忽略了从建筑内部观赏庭院的视觉效果。

表现：图纸表现以马克笔为主，整体风格较为突出，快题设计案例的整体排版较好，加之马克笔明暗层次的突出表现，能够很好地抓住看图者的注意力，并留下较深印象。

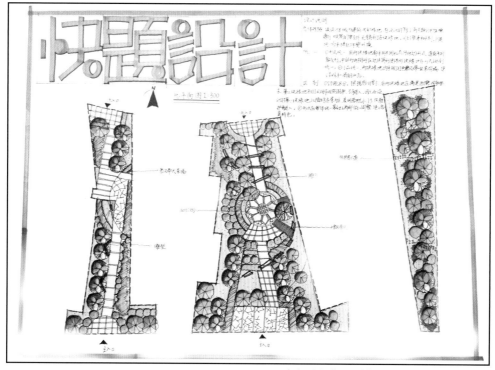

西南交通大学　刘敏（初试、复试均第二名）

设计：本方案设计结构清晰、布局合理。场地定位合理明确，作为校园游园活动场地，环境丰富、多样，空间明确，细节丰富。其中曲线穿行的空间曲折多变，极大地丰富了游览线路上的空间变化和视觉转换，在较小的空间内营造出丰富变化的景观空间。

表现：图纸以马克笔表现为主，用色大胆，笔法硬朗，整体效果清新明快。

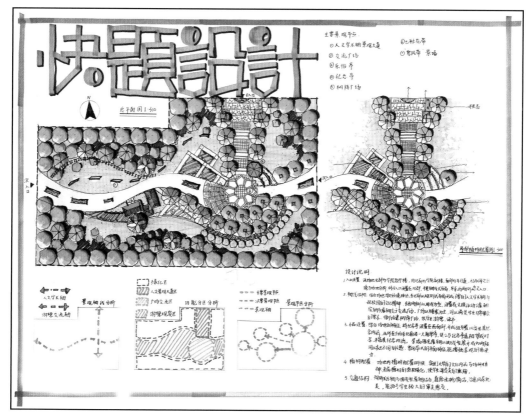

西南交通大学　刘敏（初试、复试均第二名）

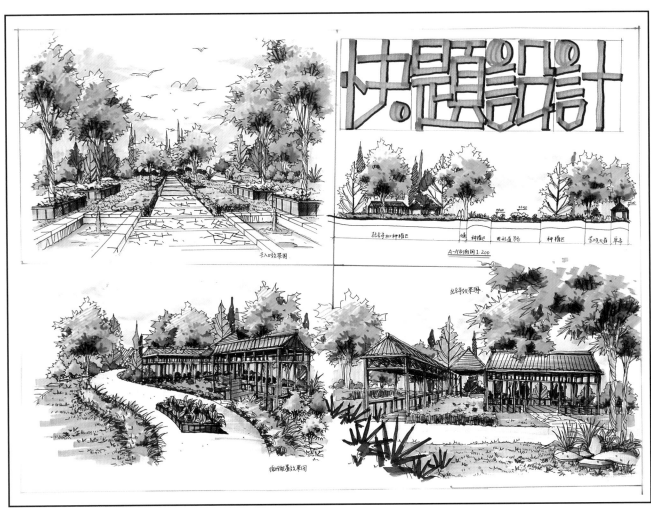

主入口效果图

A-A剖面图1:200

花卉苗木种植区　湿地　种植区　田园道路　种植区　景观大道　单车

庭院景观效果图

花谷效果图

西南交通大学　　刘敏［初试、复试均第二名（续）］

第13章

13 作品欣赏

颜色的整体性是画面最基本的要素之一。尽可能多地考虑物体所受到的各种环境色的影响，在物体固有色的基础上尝试多做色彩变化，不断提高自己在色彩方面的想象力。

第13章 作品欣赏

光的变化对景观场景的影响非常大，一天中日光的色温变化是很大的。清晨和傍晚相对于中午来说光线偏向黄红色，色温的色彩也一直在变化，所以各种物体的色彩也在变化。

如上图所示，天空用相对较暖的 36 号马克笔进行整体涂色，因此水体用冷色系来进行色彩的对比。大部分情况下受光面是暖色，暗面和投影有冷暖的变化，但主要还是偏冷色。另外，无论是自然光还是人工光所投射的阴影一定要有透视变化。

用同一种色调的颜色尝试对画面中的物体做一些明暗关系的处理，最简单的是通过画面的单色进行画面亮灰暗的处理，以此来区分物体的黑白灰 3 个面，提高对整个空间素描能力的把握。

第13章 作品欣赏

	34
	36
	48
	touch 185

对于画面中一些亭子、廊架等景观构筑物的绘制，主要在于平时的积累。如图中的亭子，若是靠单纯的想象去画，会使画面缺少细节，因此我们可以套用平时进行单体训练时的元素。

	43
	46
	47
	67
	76
	touch 185
	CG3
	CG5
	WG3
	WG5

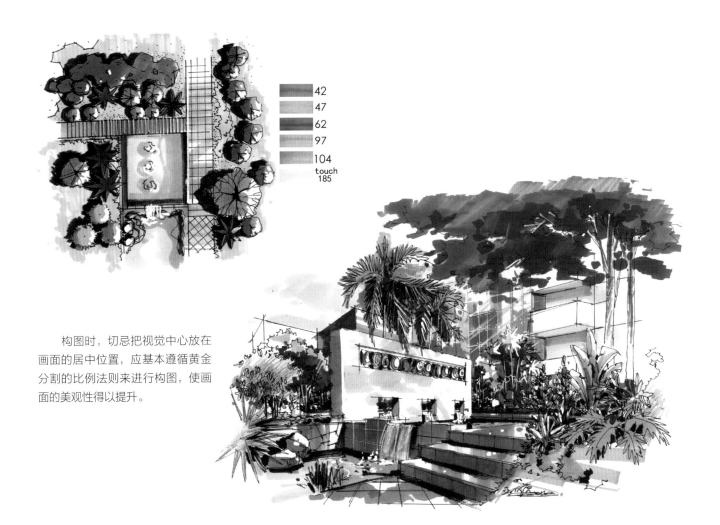

构图时，切忌把视觉中心放在画面的居中位置，应基本遵循黄金分割的比例法则来进行构图，使画面的美观性得以提升。

	34
	47
	67
	68
	59
	77
	BG3
	GG3
	GG5

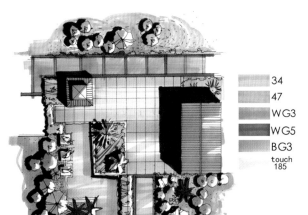

	34
	47
	WG3
	WG5
	BG3

touch
185

空间场景的氛围感能对一幅画面的成败产生影响，也能使相对平淡的空间场景增添一些生活气息。

如我们在表现公园时，主要以植物为主的画面会比较单调，若加上人物、气球和风筝等，会使画面更有情趣感。如果是表现街道，我们则可以加一些汽车、路灯和人物等，使空间效果更有氛围感。

42
62
97
104
touch
185

中景的建筑及木栈道均为暖色，周边的植物和水景为绿色或者灰绿色，在大面积的冷暖对比上，能够很直接地强调出视觉中心点。

　　该图在表现时，着重强调视觉中心点的暖色，视觉中心点的主景和其他色调均用暖色来刻画，周边植物等其他材质用相对较冷的颜色刻画，通过整体关系的冷暖对比，更能强调出视觉中心点。

第13章　作品欣赏

| YG1 |
| YG3 |
| YR10 |
| GY17 |
| GY21 |
| GY22 |
| GY23 |
| GB33 |
| G51 |
| R60 |
| R70 |
| BV85 |
| BV86 |
| B90 |
| B91 |
| CG3 |
| CG5 |
| CG7 |

NEW COLOR 色号

　　该图整体空间层次丰富，表现力强且不失细节刻画，交通流线顺畅，是一幅典型的成交透视效果图，但对于初学者而言其透视关系的掌握较难。为了拉开植物与廊架的空间关系，廊架在色调上偏红色，有对比效果。

YG3	
YR10	
GY22	
GY24	
R60	
R70	
B90	
B91	
B94	
BG3	
BG5	
WG3	
WG5	

NEW COLOR 色号

　　该图表达了中庭景观水景效果，整体色调统一，空间变化丰富。中景与远景建筑的关系处理是该图的难点之一，在内容相对较多的情况下把空间感处理得这么好是难能可贵的。

　　手绘空间的表达形式有很多种，下面几张均是运用计算机进行颜色的渐变处理，也可使人们感受到一种比较清新淡雅的空间效果。

第13章 作品欣赏

　　线稿若是画得相对较细致，用马克笔或者计算机进行大面积涂色后画面效果一样显得有细节，如果是线稿刻画较为概括，则上色起来就更考验同学们的基本功。

　　画面中不一定所有的物体都要进行着色，我们画的是效果图，效果图强调的是"效果"二字。因此，为了突出视觉中心点，我们可以通过冷暖对比、纯度与灰度的对比及疏密对比等，也可以通过对某些植物或收边植物的留白处理，或者在视觉中心点上色时进行细致刻画等方式，使视觉中心点更为突出。

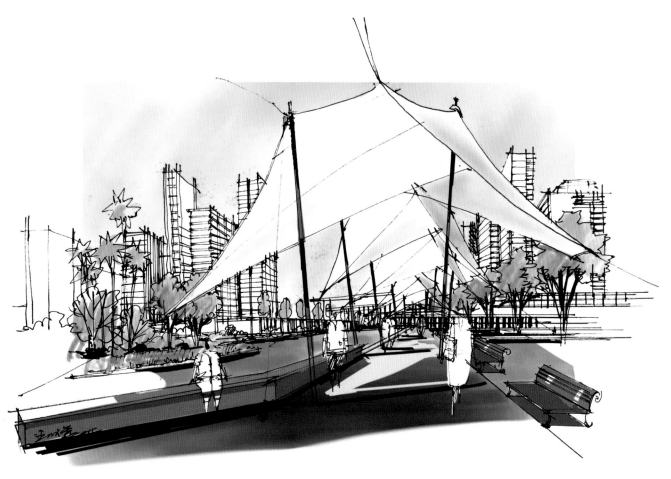

　　突出视觉中心点的方式有很多，如上图可通过视觉中心点的明暗对比最强烈、冷暖对比最强烈来强调视觉中心点。该图通过对建筑进行重色处理，周边环境进行浅色处理的方式，实现画面的明度对比，使建筑更为突出。

YG1	
YG3	
GY16	
GY17	
GY18	
GY19	
GY22	
GY23	
GB33	
GB42	
GB46	
B91	
CG1	
CG3	
CG5	
BG1	
BG3	
BG5	

NEW COLOR 色号

　　色彩的和谐统一是上色时首要解决的问题，脑海中不能只有固有色的概念，适当的考虑画面环境的颜色，使前景、中景、远景在一个色温上，画面才能更为和谐统一。

67
68
92
96
97
CG1
CG3
WG3
WG5
BG3
BG5

36
43
48
49
68
77
92
96
101
104
CG1
CG3
BG1
BG3
BG5

YG1
YG7
YR10
YR11
YR14
GY17
GY18
GY22
GY23
G53
R60
BV85
CG1
CG3
CG5
BG3
BG5
126
NEW COLOR 色号

GB42
GB45
G51
G55
R70
BV85
CG3
CG5
NEW COLOR 色号

第13章 作品欣赏

YG7
G53
126
BG3
CG1
WG1
WG3
WG5

NEW COLOR 色号

YG1
YG3
YR10
YR14
GY22
GY24
G51
R60
R64
BV85
BV86
BG3
BG5
CG3
CG5

NEW COLOR 色号

第13章 作品欣赏

	25
	27
	47
	48
	51
	59
	BG3
	BG5
	WG2
	WG3
	WG5

上图为大家熟悉的建筑大师 F·L·赖特所谓的流水别墅。

在笔者读书时期，都怀着一种敬仰的学习态度想去画这个有名的建筑，但是苦于技法和在设计上认识的局限，一直没有敢于动笔。近段时间也是抱着尝试的态度，在实际绘画中学习前辈所设计的建筑以及建筑和周围环境唯美的结合给我们带来的视觉享受。

因此，图片的写生也会对我们的手绘技法及对经典设计的认知有所提升。

	36
	43
	62
	94
	96
	97
	BG5
	WG3
	WG5

红色象征着热情奔放，画面中如果大面积出现红色会给人一种血脉贲张的感觉。图中收边植物和建筑墙面运用了大量的红色，远景植物和中景棕榈树为绿色。在一幅画中，红绿搭配是色彩补色搭配中最难也是最需要谨慎的一组搭配。同时要注意，在同一幅画面中，不能使用太纯的红色和绿色搭配。

	43
	46
	47
	49
	59
	62
	67
	BG5
	GG3

	25
	36
	42
	94
	96
	77
	WG2
	WG3
	WG5

　　该图为典型的仰视图。其竖向线条垂直往上延伸，一定交于一个消失点。在表达欧式建筑时，一般是建筑顶部刻画相对较细致，建筑顶部往下和地面之间的线条，逐渐弱化，形成上实下虚的基本表达。在上色时也按这样的大体思路来进行着色，进行虚实的刻画，空间自然就会显得更加立体生动。

第
13
章
作
品
欣
赏

　　如上图中的视觉中心点为建筑本身，因此收边植物明度上更低一些，前景采用重色表现，将中间的亮色衬托得更为突出。玻璃材质用马克笔着色完成时，可以通过提白笔以45°角的倾斜刻画提出几笔亮色线条，使玻璃变得更加明亮、透彻、有光泽。

	43
	46
	47
	48
	59
	62
	BG3
	BG5
	BG7
	WG2
	WG3
	WG5
	WG7

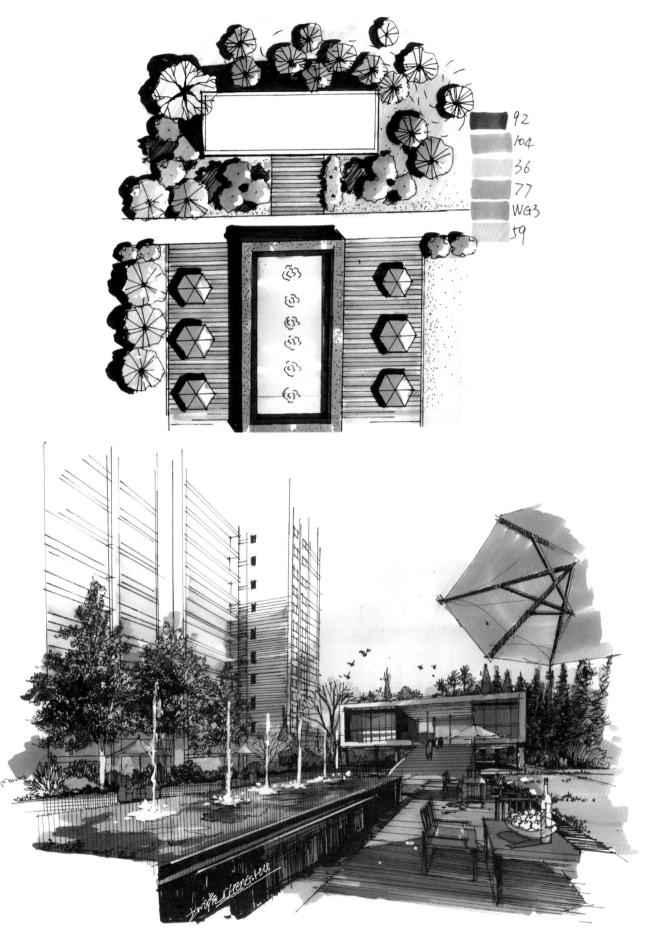

　　构图是画面最重要的一个要素。如上图中的右上角运用了太阳伞的一边来进行边缘构图，改变了运用植物进行框景的常见构图形式，使画面增添了环境感和生活气息。

	36
	43
	48
	49
	59
	68
	77
	WG3
	WG5
	WG7

　　笔者认为彩铅和马克笔的结合是一种完美的组合。可以先通过彩铅对整体颜色进行基本着色，然后再进行马克笔的叠加，这样可以使整个画面的色彩更加完善。在用彩铅和马克笔进行晕色时，颜色之间融合会得到意想不到的色彩表达。

	43
	47
	62
	67
	68
	76
	CG1
	CG3
	BG3
	BG5

　　该图为静态水景的表现。

　　大面积的水体运用平行于纸张的笔触来表现静态水体的方向，注意切勿倾斜刻画，以免使整个水面产生一种水流湍急的假象。以地面为坐标轴，越靠近建筑的倒影越实，越远离建筑的倒影越虚。倒影所产生的透视方向和本身物体的透视方向是一致的。

	25
	42
	43
	48
	59
	62
	67
	97
	103
	104
	WG3
	WG5

	25
	43
	47
	59
	62
	68
	120
	BG3
	touch 185

光是效果图的灵魂，正确的表达光源能够使画面效果锦上添花。

前面的草坪底色用 47 号马克笔沿着结构的方向进行平涂表现，用 43 号马克笔进行面积大小的机动性笔触表现，这样周边植物很随意的光源效果就呈现出来了。石材的光影底色用 25 号马克笔进行平涂，然后用 WG3 号马克笔和 WG5 号马克笔进行光影的叠加。

该图中天空最大的作用是衔接植物、建筑和收边植物,把整个空间进行串联。为了强化透视,天空的表现依然遵循近大远小的透视原则。主景建筑用的是暖色以及红色,因此周边植物不适合用红色来表达,用的是灰绿色和冷绿色等,使其形成冷暖对比及红绿对比。

该图在着色时,对建筑进行重色处理,周边景观和天空等进行浅色处理,使画面有强烈的明暗对比,突出建筑。天空的表现通过由近及远、由重变浅的过程进行彩铅的斜向排线,天空中的云朵先留白,然后逐渐细致刻画。

该图的对比调子与上图相反，周边环境及天空相对于建筑进行重色处理，建筑大面积为亮色，也形成了黑白对比，这是处理视觉中心点的黑白对比的两种不同方式。天空颜色的表达先用最浅的蓝色彩铅勾出云朵的基本轮廓，再用 67 号马克笔从上往下进行整体均匀的铺色，最后用彩铅由近及远、由深到浅地进行斜向排线。

作者：小麦　山水比德设计学院执行总监

　　该图着重表现的是颜色的纯度和灰度，前景和中景的颜色在纯度上相对较高，远景空间中的植物用的是 GG3 号马克笔和 GG5 号马克笔来表现，所以整个空间的纯度与灰度变化明显。通过纯度对比技法的表现对画面空间的拉开起到事半功倍的效果。

	25
	43
	47
	48
	67
	77
	92
	97
	101
	104
	BG3
	BG5

　　该图为小区的局部鸟瞰图表现。

　　与整体鸟瞰图不同，局部鸟瞰图中近大远小的关系相对较明显。因此，对于前景植物的刻画要相对细致一些，具体可参考讲解植物单体画法的章节。远景建筑进行留白处理，远景建筑直接以线稿的形式表现不进行上色，更能突出景观节点的细节，这也是景观效果图中经常用到的主次、虚实处理手法。

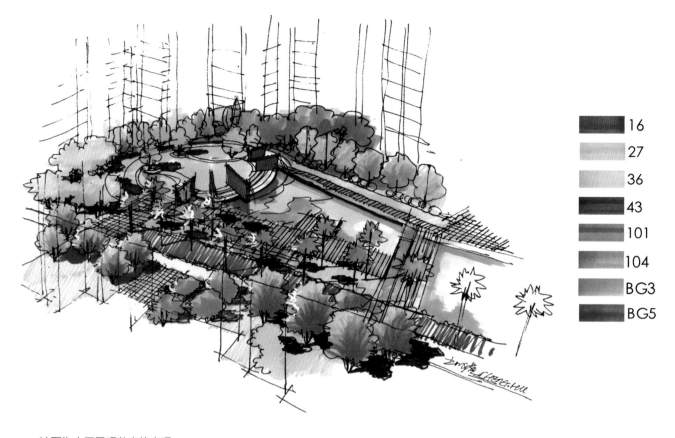

	16
	27
	36
	43
	101
	104
	BG3
	BG5

该图为小区景观节点的表现。

如图所示我们可以把建筑的线条拉伸出来，但上色时我们用颜色表达建筑的材质，只画出景观节点中的各类材质的颜色即可。这样既能营造出小区建筑和周边的环境，也能强调景观本身的空间关系。

	16
	43
	48
	49
	59
	62
	76
	97
	CG3
	CG5
	BG3

该图为庭院景观整体鸟瞰图的表现。庭院景观讲究的是空间的私密性，因此周边的植物绿化一定要刻画清楚，庭院景观植物的多样性要体现出来，空间材质要表达清晰，结构表达要清楚。

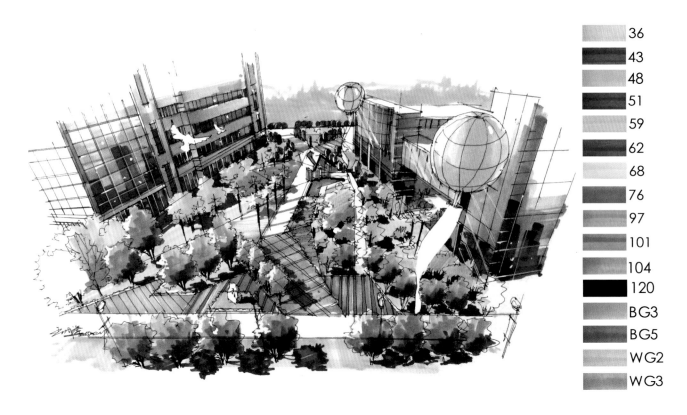

	36
	43
	48
	51
	59
	62
	68
	76
	97
	101
	104
	120
	BG3
	BG5
	WG2
	WG3

该图为北京林业大学某年考研真题绘世界学生所做的方案，在课堂上给同学们现场演示的学生方案生成的鸟瞰图。

该方案为校园景观设计，因此我们可以通过周边的教学楼来营造校园的氛围，拉开道路、建筑和绿化这 3 个部分的空间关系，空间感自然而然得到提升。

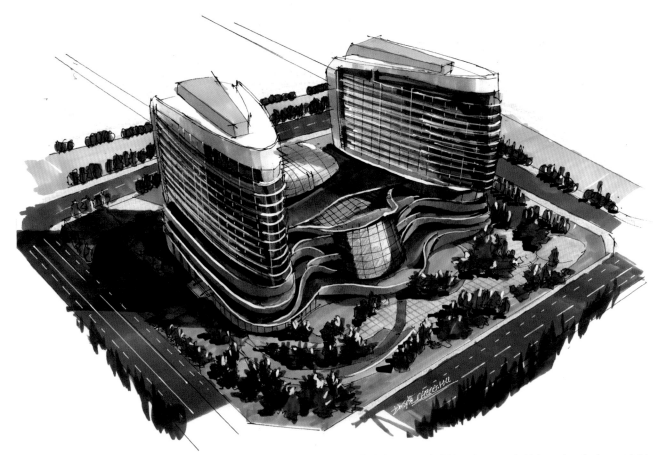

在表现景观场地效果图时，若把建筑环境及周边的环境交代清楚，整体空间及尺度感就更为明显，场地氛围会更为浓厚。类似于这一类的效果图在刻画时，要明确地把道路 、景观和建筑这 3 个部分区分开。

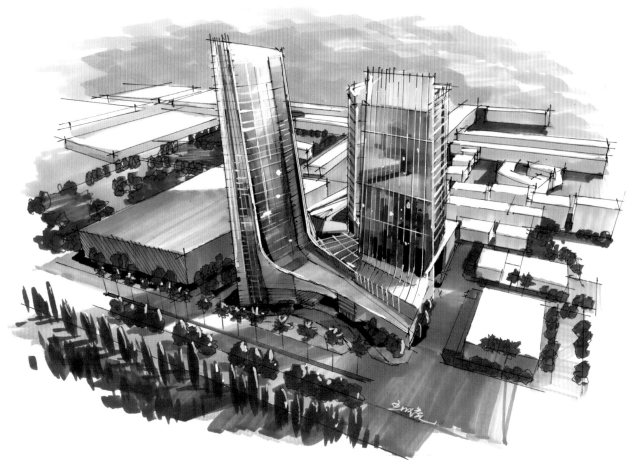

我们也可以适当添加一些前景或远景的环境表现，如前景的植物相对较重，远景的植物相对较浅或者相对较灰，使整个画面感更为丰富。

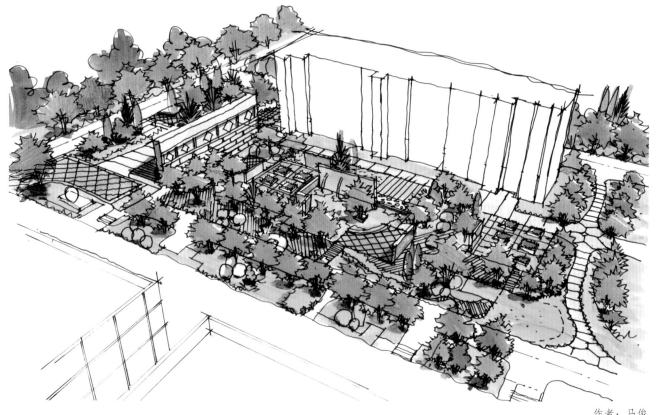

作者：马俊

该图为小型鸟瞰图，建筑不是其视觉主体，就直接运用留白处理。该图原图为硫酸纸上色，上色技法以平涂为主，注重画面的整体色调。

作者：马俊

　　该图的弧形道路处理对于初学者而言较有难度，但只要理解了圆形透视，就能够把握好弧形透视。该图注重刻画植物的组合关系，运用深蓝色和深绿色来区分植物关系，使整个画面色调统一，且与铺装和道路行成互补的对比关系。

作者：马俊

　　该图为某小区的景观局部鸟瞰图。该图的视觉中心为叠水，叠水的体块叠压关系是较难处理的一个环节，需要作画者有很强的透视把握能力。该图的视觉中心突出，植物的空间组合关系合理，构筑物结构把握准确。

YG1
YG3
YR10
YR13
GY17
GY20
GY22
GY23
GB45
R71
BG3
BG5
BG7

NEW COLOR 色号

YG7
GY16
GY17
GY18
GY20
GY21
GB45
G50
G51
G53
R60
B90
BG3
BG5

NEW COLOR 色号

第13章 作品欣赏

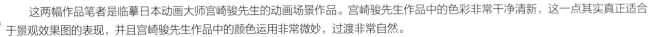

这两幅作品笔者是临摹日本动画大师宫崎骏先生的动画场景作品。宫崎骏先生作品中的色彩非常干净清新，这一点其实真正适合于景观效果图的表现，并且宫崎骏先生作品中的颜色运用非常微妙，过渡非常自然。

因此，笔者就在平时的练习中尝试临摹一些动漫中的颜色表现，在不断的练习中，逐渐的领会到了一些颜色表现的精髓，这也使

我的颜色运用能力有了很大的提高。所以，我推荐同学们可以不断地扩展自己的练习范围，不要局限于临摹景观效果图，可以通过扩展去临摹室内、建筑、规划、工造和动画场景，甚至国画等不同类型的作品，使自己的空间结构透视以及色彩的灵活运用能力得到潜移默化的提升。

该图为风景照片写生。

风景照片写生有别于临摹动画空间颜色，它需要自己对大自然中所有的颜色提取加工，不断地观察色彩与色彩之间的关系，帮助我们提升对色彩的敏锐度。因此，景观效果图的练习也可以通过照片和实际写生等不同的手段进行练习。

该图为武汉汤逊湖的一角。当时笔者刚下课，天边出现了这样的场景，我随即用马克笔以最快的方式记录下了这美丽的瞬间。通过这种方式练习，也提高自己对色彩的敏锐度。

通过不同的写生场景，我们可以从大自然中提取出不同颜色的表现。景观效果图基于对整个大自然的观察，不能脱节于现实中的基本表现和色彩规律，从大自然中提取出来的颜色往往是最自然最真实、最和谐，也是最有艺术气息的。

图中对天空和水体分别用紫色和暖黄色进行表现，产生了一种黄紫对比。

13.5 写生作品

写生是一种对描画事物的瞬间捕捉，其价值在于快速和即时性。主要锻炼作画者对事物的观察力、理解力及对事物的处理分析能力。要将观察到的事物体现在画纸上，必然要通过作画者的主观处理，它是有别于事物照相的一种简单快速的记录和表现方式。写生重在写意，而不追求完全地逼真写实，也可适当在画中体现作画者的情绪。

从写生中可以看出个人绘画的基本功，包括抓型能力、空间关系、画面效果等。这些只有在写生中才能体现出来，是临摹不能完全表现出来的。

通过写生可以把其相对较自由、流畅的线条运用到景观效果图中，会使画面显得不那么死板，而且通过写生可以对观察的物体进行总结提炼，提高个人的绘画能力。

我们可以在写生中，更多地了解建筑或者是其他场景的结构，将其运用到我们的设计中。笔者个人比较喜欢和推崇中国的白描，纯粹是用线条表达空间的疏密关系，也为景观效果图中的线稿打下基础。

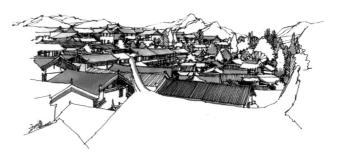

STEP 01 绘制线稿。

STEP 02 逐渐强化和区分建筑的空间关系，适当地刻画出植物及远山的基本色调，拉开空间关系。

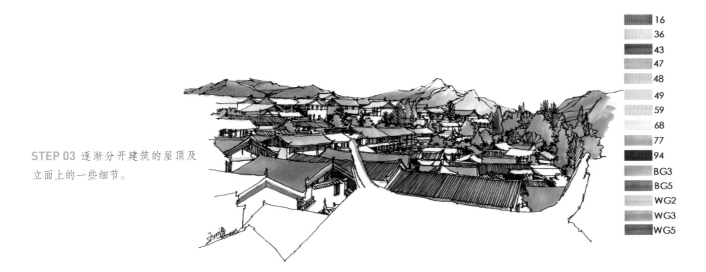

STEP 03 逐渐分开建筑的屋顶及立面上的一些细节。

	16
	36
	43
	47
	48
	49
	59
	68
	77
	94
	BG3
	BG5
	WG2
	WG3
	WG5

STEP 04 该图表现的是丽江古镇，远处有雪山，但天空的留白不利于表现雪山山顶的白色，所以笔者通过用 Photoshop 进行大面积的天空渲染，这也是一个将手绘和软件相结合去表现效果图的尝试。

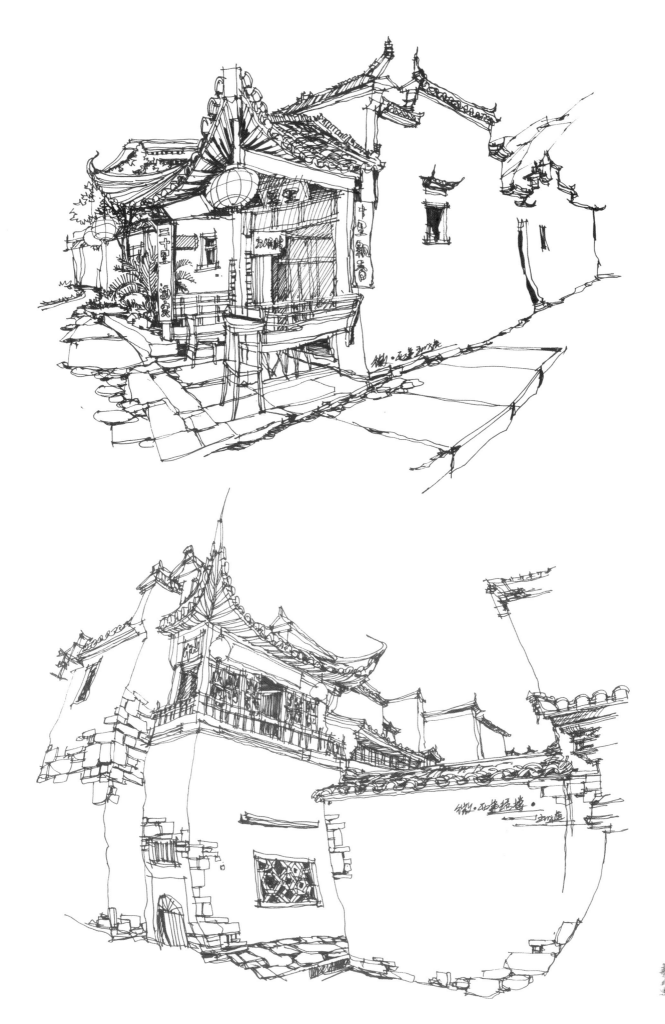

绘世界手绘寒暑假集训营教学楼

武汉大学城市设计学院规划系主任彭建东教授为学员评图

绘世界集训班学员

绘世界2013年暑期迎新接待

武汉大学城市设计学院（副院长）周婕教授2015年暑期集训营与学员交流

绘世界规划表现班学员在教室上课

王成虎老师上课场景

王成虎老师上课场景

绘 世界手绘教育机构是由手绘商会、绘世界网、绘世界设计部全力打造的高端手绘教育培训机构，开设考研快题专业培训及设计院入职考试培训，2008年起陆续在武汉、成都、北京、郑州及上海开设分部，教师大多是来自全国各院校的教授及设计专业博士，全国设计类考研通过率98%，全国快题考研第一品牌。

2011年及2012年连续两年被楚天都市报、腾讯大楚网、中国教育网等数家媒体报道绘世界培训事迹。

2011年开始与中国林业出版社、中国建筑工业出版社、人民邮电出版社建立长期合作关系并出版数十本设计及考研类教材。

2015年与武汉新东方学校强强联合，打造高端无忧考研课程。绘世界分班分专业小班教学模式被学员们所认可，且承诺学员一次报名、终身免费，不满意退学费。

绘世界 shouhui.net 手绘培训
建筑/景观/规划/室内/工业/出国

在线报名：www.shouhui.net
QQ在线：4006461997
免费咨询：**400-646-1997**

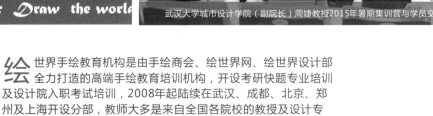
世界手绘考研中心
RAW THE WORLD HIGH ART TRAINNING